普通高等教育“十三五”规划教材

分析化学实验

（第2版）

沈　霞　徐引娟　主编

方建慧　审校

中国石化出版社

内 容 提 要

《分析化学实验》教材是在原有实验讲义基础上，根据分析化学的不断发展和对学生实验综合能力的要求，进行了较大的修改、充实后编写而成的。在实验项目的编排上，改变了以往单一传授技能训练的模式，采用由浅入深，循序渐进，逐步提高的方法，让学生有充分思考、开拓和创新的余地。本书的实验内容分为6章：第1章到第5章是基础实验，重点关注学生规范的实验操作基本技能的训练；第6章是综合性实验，通过对复杂样品的处理和综合测定，加深对分析化学理论的综合理解，培养学生解决实际问题的能力；第7章是设计性实验，注重培养学生独立思考和综合分析、解决问题的能力。

本书可作为大学化学、应用化学、材料化学、环境科学、地质等专业的分析化学实验教材，也可供高等师范院校和工科院校有关专业师生参考。

图书在版编目(CIP)数据

分析化学实验／沈霞,徐引娟主编.—2版.—北京:中国石化出版社,2018.8(2023.7重印)
普通高等教育"十三五"规划教材
ISBN 978-7-5114-4959-7

Ⅰ.①分… Ⅱ.①沈… ②徐… Ⅲ.①分析化学-化学实验-高等学校-教材 Ⅳ.①O652.1

中国版本图书馆CIP数据核字(2018)第155460号

中国石化出版社出版发行
地址:北京市东城区安定门外大街58号
邮编:100011　电话:(010)57512500
发行部电话:(010)57512575
http://www.sinopec-press.com
E-mail:press@sinopec.com
北京富泰印刷有限责任公司印刷
全国各地新华书店经销

*

787×1092毫米 16开本 7.25印张 170千字
2018年8月第2版　2023年7月第2次印刷
定价:28.00元

前　言

分析化学实验是分析化学课程教学中的重要环节，也是一门建立准确“量”的概念的基础课程，在培养学生基本实验技能、实践能力、科学素质以及增强学生的创新意识等方面都起着重要作用。因此，加强分析化学实验教学已成为全面提高学生素质的重要途径之一。本教材是在原有实验讲义基础上，根据分析化学的不断发展和对学生实验综合能力的要求，进行了较大的修改、充实后编写而成的。在实验项目的编排上，改变了以往单一传授技能训练的模式，采用由浅入深、循序渐进、逐步提高的方法，让学生有充分思考、开拓和创新的余地。在教材撰写中，尽量做到实验原理阐述清晰、实验步骤和注意事项叙述详细，使学生能达到一定的预习效果，并在实验过程中有切实有效的体会。

本书的实验内容分为6章：第1章到第5章是基础实验，重点关注学生规范的实验操作基本技能的训练；第6章是综合性实验，通过对复杂样品的处理和综合测定，加深对分析化学理论的综合理解，培养学生解决实际问题的能力；第7章是设计性实验，注重培养学生独立思考和综合分析、解决问题的能力。

总之，通过本课程学习，希望学生能够牢固地树立“量”的概念，掌握必备的分析化学实验技能和方法，学会科学的思维方法，具备一定的开拓创新的能力和良好的实验素质及严谨的科学态度，为后继课程的学习和今后从事科研和生产工作打下良好的基础。

在本教材的编写过程中，得到了教研室其他同事的大力帮助和支持，在此表示由衷的感谢。

由于编者的水平及教学经验有限，书中难免不妥之处，恳请读者提出批评和建议。

编　者
于上海大学理学院化学系

目 录

分析化学实验课的目的和要求

一、实验目的

1. 正确和熟练掌握分析化学实验的基本操作和实验技能；

2. 掌握滴定分析、重量分析和分离分析的方法及技术，重点是滴定分析；

3. 建立准确“量”的概念，学会正确进行数据处理和误差分析；

4. 加深对分析化学基本理论的理解和运用，具有设计分析方案的初步能力；

5. 培养学生严谨、求实的科学态度，认真、细致和整洁的工作作风，使学生具有从事科学实验的素质。

二、实验要求

分析化学实验课是培养学生掌握分析化学基础理论知识和基本操作技能，养成认真、求实、严谨的科学态度，提高观察、分析和解决问题能力的重要教学环节。为达到这个目的，本课程的实验课有以下几点要求：

1. 做好实验前预习。学生首先要在实验前阅读有关实验教材，了解实验的目的、原理、实验方法和操作的主要步骤及注意事项，并对所用的试剂和反应生成物的性能做到心中有数，对所用仪器设备的操作有基本了解，并写好实验预习报告。预习报告不要照抄讲义，要求写明实验原理、步骤(示意式)，以便能及时、正确地解决实验时所要解决的问题。

2. 在实验过程中，应规范操作、仔细观察、积极思考。运用所学理论解释实验现象，研究实验中的一些问题。不能只是“照方配药”，要随时把必要的数据和现象如实、正确地记录在预习报告本上。数据记录不能随意修改，实验结束后，原始数据必须由老师当场签字。

3. 实验结束后，值日生要按照要求做好实验室及天平室的卫生。

4. 自觉遵守实验室规则，保持实验室整洁、安静，对仪器要安置有序，任何时候都要注意节约和安全。

5. 按照要求，及时写出实验报告。

实验报告格式要规范，主要包括以下几个内容：

(1) 实验目的；

(2) 实验原理(包括简单的文字叙述、反应方程式和计算公式)；

(3) 实验步骤；

(4) 数据处理表格；

(5) 讨论。

注意事项

1. 准时进入实验室交上预习报告。实验室柜子钥匙由学生自己保管，每次进实验室必须带好钥匙。钥匙一旦遗失，要及时配上。

2. 认真听讲解，并仔细观察教师的示范操作，掌握操作要领，不理解的地方及时请教老师。

3. 实验数据及时让老师签字认可，不得随意篡改数据，一经发现，本次实验即以零分计入总分。

4. 实验过程中遇到仪器损坏或丢失，要及时赔偿补上。

5. 实验室、天平室不得大声喧哗，做实验时不得随意串位。

6. 注意安全操作，节约使用化学试剂和其他实验用品，节约用水。

7. 实验时，保持实验桌面干净整洁，水池不污染。

8. 不无故缺席，有事请假须出示正规的请假条。

9. 学期结束，即将仪器清点，并将柜子钥匙交还老师。

实验室安全规则

分析化学实验中，经常使用有腐蚀性、易燃、易爆或有毒的化学试剂，为确保实验的正常进行和人身安全，必须自觉遵守实验的操作规则和实验室的安全规则：

1. 实验室内严禁饮食、吸烟、随意点火，一切药品禁止入口，实验完毕后须洗手，水、电、煤气、灯、电炉用完后应立即关闭，离开实验室时应仔细检查。

2. 易燃、易爆、易释放有毒物质的实验，必须严格按照实验操作规则进行操作，不得违反。

3. 使用浓 HNO_3、浓 HCl、浓 H_2SO_4、氨水时，均应在通风橱中操作，绝不允许在实验室加热。

4. 使用丙酮、甲醛、乙醇等有机溶剂时，一定要远离火焰和热源。使用后用瓶塞塞严，放阴凉处保存。

5. 浓酸、浓碱切不可溅到皮肤上，如不小心溅到皮肤和眼内，应立即用水冲洗，然后用 5% $NaHCO_3$溶液(强酸腐蚀)，或用 5%硼酸溶液(强碱腐蚀)冲洗，最后再用水冲洗。

6. 保持实验室内整洁、干净，保持水槽清洁，禁止将杂物、碎片等物扔入水槽内，以免造成下水道堵塞。废酸、碱等切勿倒入水槽内，以免腐蚀下水管。$K_2Cr_2O_7$溶液必须倒入废液缸内，以免造成水质污染。

第1章　定量分析基本知识和基本操作

1.1　天平与称量

天平是进行化学实验不可缺少的重要称量仪器，由于对质量准确度的要求不同，需要使用不同类型的天平进行称量。常用的天平种类很多，如托盘天平、普通天平、电光天平、单盘分析天平等。现在的实验室通常采用不同精度的电子天平称量。

一、电子分析天平工作原理

用现代电子控制技术进行称量的天平称为电子天平。其称量原理是电磁力平衡原理。通过传感器检测位移信号，以数字方式显示被称物的质量。当把通电导线放在磁场中，导线将产生磁力，当磁场强度不变时，力的大小与流过线圈的电流强度成正比。如物体的重力方向向下，电磁力方向向上，二者相平衡，则通过导线的电流与被称物体的质量成正比。

电子天平采用弹性簧片为支承点，无机械天平的玛瑙刀口，采用数字显示代替指针显示。具有性能稳定，灵敏度高，操作方便快捷(放上被称物后，几秒内即能读数)，精度高等优点。电子天平还有自动调零、自动校准砝码以及去皮等多种功能，并可与电子计算机或打印机等配套使用，图1.1为METTLER TOLEDO(梅特勒-托利多)生产的电子天平。

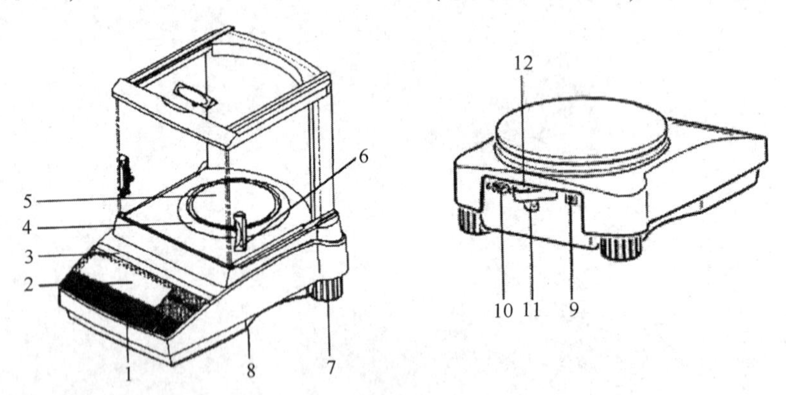

图1.1　B-N系列天平

1—操作键；2—显示屏；3—具有以下参数的型号标牌“Max”：最大称量，“d”：可读性；
4—防风圈；5—称盘；6—风罩侧开门(左右)；7—水平调节脚；
8—用于下挂称量方式的称钩(在天平底面)；9—交流电源适配器插座；
10—RS232C接口；11—防盗锁连接环；12—水平泡

二、AB104-N型电子天平主要技术指标

称量范围：0~100g

读数精度：0.1mg

皮重称量范围(减)：0~100g

重复性(S)：0.0001g

再现性(标准偏差)：±0.0002g

稳定时间：≤4s

校准砝码：100g

开机预热时间：30min

三、电子天平的操作

1. 在使用前观察水平仪。如水平仪水泡偏移，需调整水平调节脚，使水泡位于水平仪中心。

2. 称量工作方式：

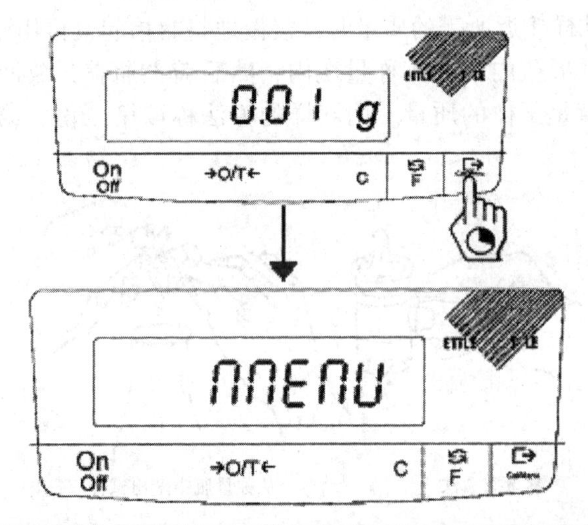

称量工作方式的操作键功能			
单击键		按键并保持不放	
On → O/T ← C	• 开机 • 清零/去皮 • 删除功能	Off	• 关机(待机状态)
	• 单位转换	F	• 激活计件功能
	• 通过接口传输称量数据(如果配置适合)	Cal/Menu	• 调校(校准) • 显示菜单(按键不放，直到 MENU 字样出现)

四、分析天平的称量方法

以 AB104-N 型电子天平为例简述称量方法。

1. 固定质量称量法

此法用于称取某一固定质量的试剂。要求被称物在空气中稳定、不吸潮、不吸湿，试样为粉末状、丝状或片状，如金属、矿石等。例如指定称取 0.5000g 某铁矿试样，按称量工作方式操作，显示称量模式后，将一洁净的表面皿轻放在称盘中，显示质量数后轻按 →O/T← 键，出现全零状态。表面皿值已去除，即去皮重，然后用药匙取样轻轻振动，使之慢慢落在表面皿中间，至显示数值为 0.5000g 即可。

2. 直接称量法

此法用于直接称量物体的质量，如容量器皿校正中称量锥形瓶的质量、干燥小烧杯质量，重量分析法中称量瓷坩埚等的质量。例如称取一小烧杯的质量时，轻按 →O/T← 键，出现全零状态，将小烧杯轻放在称盘中间，显示的数值即为烧杯的质量，记录数据。

3. 递减(差减)称量法

此法用于称量一定质量范围的试样。其样品主要针对易吸潮、易氧化或易与 CO_2 反应的物质。例如称取某一样品，从干燥器中取出称量瓶(注意不要让手指直接接触称量瓶及瓶盖)，用干净小纸片夹住瓶盖，打开瓶盖，用药匙加入适量样品(约共取5份样品称量)，盖上瓶盖，用干净纸条套在称量瓶上，轻放在已进入称量模式的称盘上。称得质量为 W_1，然后取出称量瓶，放在锥形瓶上方，将称量瓶倾斜，用瓶盖轻轻敲瓶口上部，使试样慢慢落入锥形瓶中，当倾出的试样接近所需的质量时，慢慢地将瓶抬起，再用瓶盖轻敲瓶口上部，使粘在瓶口的试样落入锥形瓶内或掉入称量瓶内，然后盖上瓶盖，放回称盘中，称得质量为 W_2，两次质量之差，就是试样的质量。用同样的方法称取第二份、第三份试样。其操作如图1.2所示。

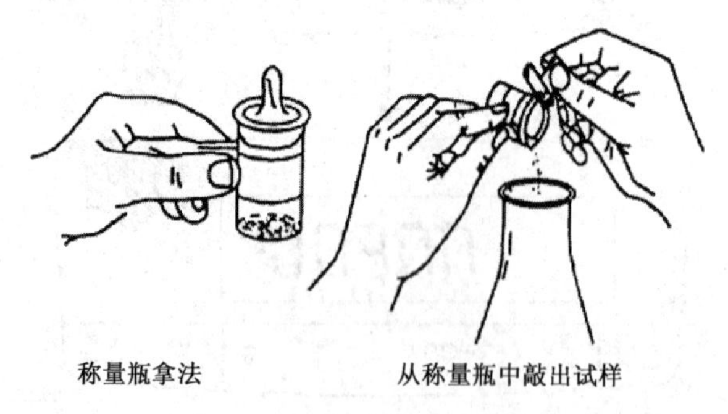

图1.2　称量瓶使用示意图

1.2　滴定分析仪器和基本操作

滴定分析中准确测量溶液体积的器皿是滴定管、移液管和容量瓶三种。滴定管、移液管是测量“放出”溶液的体积，容量瓶是测量“容纳”溶液的体积。这些测量仪器不仅在化学分析中使用，在仪器分析、其他分析工作中也经常使用。

体积测量的误差是滴定分析误差的主要来源，一般情况下体积测量误差比称量误差大。因此，为了获得准确的分析结果，必须准确地测量溶液的体积。减少溶液体积的测量误差，一方面取决于所用容量器皿面积的准确度；另一方面，更重要的是能否正确地准备和使用这些容量器皿。下面分别介绍这些器皿的性能、规格和使用。

一、滴定管

1. 滴定管的种类

滴定管是滴定时可准确测量滴定剂体积的玻璃量器。它的主要部分管身用细长且内径均匀的玻璃管制成，上面刻有均匀的分度线，线宽不超过0.3mm。下端的流液口为一尖嘴，中间通过玻璃旋塞或乳胶管(配有玻璃珠)连接以控制滴定速度。滴定管按其容积的不同可分为常量、半微量和微量滴定管。按构造的不同又可分为普通滴定管和自动滴定管。

常量滴定管中常用的是 50mL 和 25mL 的滴定管，分度值为 0.1mL，读数可估读到 0.01mL，在化学分析中使用的主要是这类滴定管。容积为 10mL，分刻度值为 0.05mL 的滴定管是半微量的滴定管。容积为 1~5mL，分度值为 0.005 或 0.01mL 的滴定管为微量滴定管[图 1.3(c)]，它们都是测量小量体积时用的滴定管。

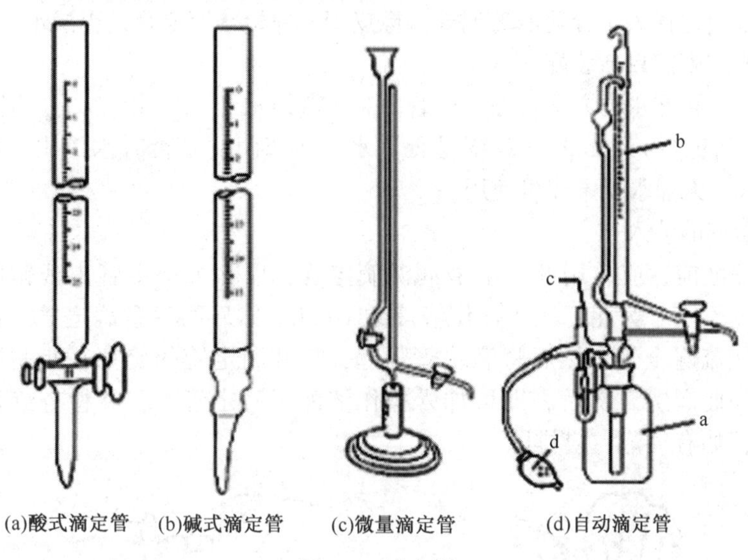

图 1.3　滴定管

自动滴定管与上述普通滴定管的不同是装溶液和调节零刻度半自动化。如图 1.3(d)所示：储液瓶 a 用于储存标准溶液，量管 b 以磨口接头，与储液瓶连接，使用时，用打气球 d 打气将液体通过玻璃管，压入量管。玻璃管末端是一毛细管，它准确位于量管的标准线上。当溶液压入量管略高于标准线时，用手按通气口 c，使压力降低，此时溶液即自动被吸到储液瓶中，使量管中液面恰好位于零线上。自动滴定管使用方便，但构造比较复杂，洗涤不如普通滴定管简便，适用于经常使用同一标准溶液的日常例行工作。

化学分析中所用的常量滴定管一般分为两种，一种是下端带有玻璃塞的酸式滴定管[图 1.3(a)]，用来盛放酸性溶液或氧化性溶液；另一种是碱式滴定管[图 1.3(b)]，用来盛放碱性溶液或还原性溶液，它的下端连接一软橡皮管，内放一玻璃珠，以控制溶液的流速，橡皮管的下端再连一尖嘴玻璃管。

滴定管的容量精度分为 A 级、B 级。通常以喷、印的方法在滴定管上制出耐久性标志，如制造厂商标、标准温度(20℃)、量出式符号(E_X)、精度级别(A 或 B)和标称总容量(mL)等。

酸式滴定管不能盛放碱性溶液，因磨口玻璃塞会被碱性溶液腐蚀，放置久了会粘住；而碱式滴定管也不能盛放氧化性的溶液，如 $KMnO_4$、I_2等，以免与橡皮管作用。

2. 滴定管的准备

(1) 滴定管的洗涤

无明显油污的滴定管，可直接用自来水冲洗，若有油污，可先用铬酸洗液或 30%~40% 的氢氧化钠酒精溶液洗涤(装洗液于管中，放置 10min)，然后用自来水冲洗干净，再用蒸馏水润洗三次(每次 10~15mL)直至滴定管的内壁完全被水均匀润湿不挂水珠才为洗净。碱式滴定管的洗涤方法同上，但要注意铬酸洗液等不能接触橡皮管。

(2) 旋塞涂油

酸式滴定管使用前应检查旋塞转动是否灵活，如不合要求，则取下旋塞。用吸水纸擦干旋塞的旋塞槽[图 1.4(a)]，用手粘少量凡士林在旋塞的两头[图 1.4(b)]涂上薄薄的一层，但在旋塞孔的近旁不要涂凡士林，以免堵塞旋塞孔，如图 1.4(c)所示再把旋塞插入塞槽内，向同一方向转动旋塞[图 1.4(d)]，观察旋塞和旋塞槽接触的地方是否都是透明状态，转动是否灵活，并检查是否漏水，如不合要求则需要重新涂油。

碱式滴定管应选择大小合适的玻璃珠和橡皮管，并检查滴定管是否漏水，液滴是否灵活控制，如不合要求则需重新装配。

检查滴定管是否漏水的方法：在滴定管内装入蒸馏水至“0”刻度以上，把滴定管垂直夹在滴定管架上(滴定台)约 2min，观察是否漏水，活塞两端是否有水渗出，然后将旋塞转 180°，观察一次，无漏水现象即可使用。

(3) 操作溶液的装入

加入操作溶液前，应先用此种溶液润洗滴定管，以除去滴定管内残留的水分，确保操作溶液的浓度不变。为此，注入操作溶液约 10mL，然后两手拿滴定管，慢慢倾斜并同时转动，使溶液流遍全管。然后将滴定管竖起，打开滴定管的旋塞，使润洗液从出口管的下端流出，如此润洗三次后，即可加入操作溶液于滴定管中，并检查旋塞附近或橡皮管内有无气泡，如有气泡，应排除。

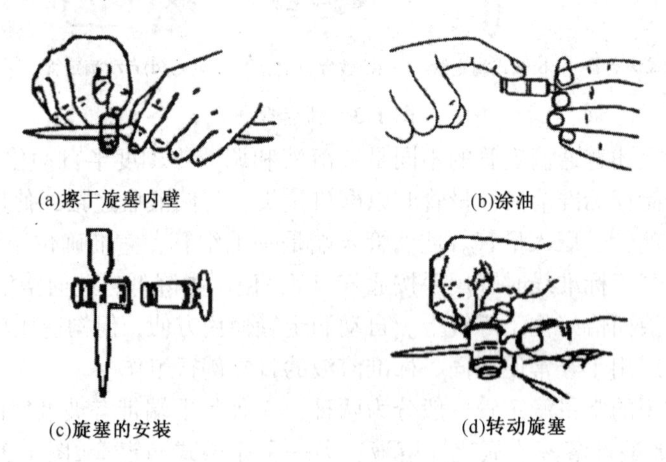
(a)擦干旋塞内壁　(b)涂油　(c)旋塞的安装　(d)转动旋塞

图 1.4　旋塞涂油

滴定管中气泡排除方法：酸式滴定管可快速转动旋塞使溶液冲出，将气泡带走，或将滴定管尽量平放，然后放出液体使气泡随之冲出；碱式滴定管可将橡皮管向上弯曲，并用力捏挤玻璃珠旁橡皮管并产生一缝隙，使溶液从尖嘴处喷出，即可排除气泡，如图 1.5。排除气泡后，加入操作溶液，使之在“0”刻度上，再调节液面在 0.00mL 刻度处备用，如液面不在 0.00mL 时，则应记下初读数。

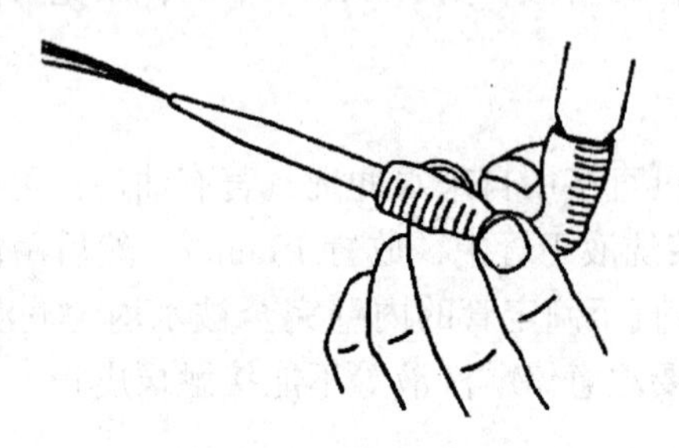

图 1.5　碱式滴定管除气方法

3. 滴定管的读数

滴定管应垂直地夹在滴定管台上，由于滴定管读数不准确所引起的误差，常是滴定分析误差的主要来源之一。因此为了准确读数，必须遵守下列规则：

① 读数时应将滴定管垂直，注入溶液或放出溶液后，需等待 1~2min 才能读数。

② 由于附着力和内聚力的作用，滴定管的液面呈弯月形。对于无色溶液或浅色溶液，应读弯月面下缘实线的最低点。为此，读数时视线应与弯月面下缘实线的最低点相切，即视线与弯月面下缘实线最低点在同一水平上。为了便于观察和读数，可在滴定管后衬一张"读数卡"，此卡可用黑纸或涂有黑色颜料的长方形(约 3cm×1.5cm)的纸板制成。读数时，把读数卡放在滴定管的背后，使黑色部分在弯月面下约 1cm 处，此时可看到弯月面的反射层全部成为黑色，然后读此黑色弯月面下缘的最低点，如图 1.6(a)；对于有色溶液，如$KMnO_4$、I_2溶液等，读数时视线应与液面两侧的最高点相切。若滴定管的背后有一条蓝线或带，无色溶液就形成了两个弯月面，并且相交于蓝线的中线上，读数时读此交点的刻度，如图 1.6(b)。

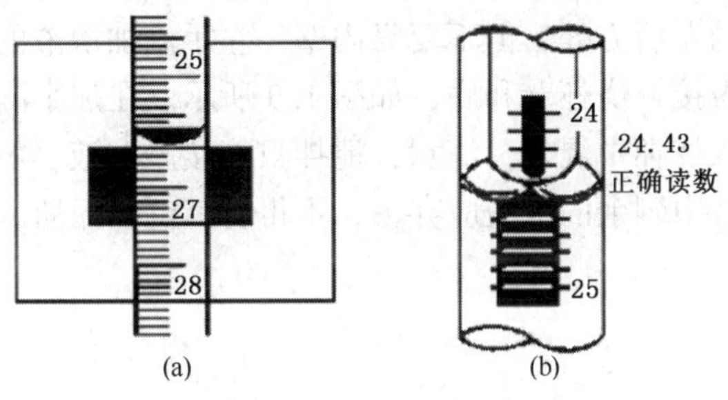

图 1.6 滴定管读数

③ 滴定时，最好每次都从 0.00mL 开始(或从接近"0"的任何一刻度开始)，这样滴定时所消耗的体积可由终数值直接得出，并且在重复测定时，都使用同一段滴定管，可以减少体积误差。

④ 读数应读到小数点后第二位，即准确到 0.01mL。初读数和终读数均应立即写在记录本上。

4. 滴定操作

滴定一般在锥形瓶中进行，必要时也可在烧杯中进行。注意调节滴定管的高度，使滴定管的下端伸入提起的锥形瓶口内 1cm 左右。滴定的姿势如图 1.7 所示。用左手控制滴定管的旋塞，小指和无名指在酸式滴定管的旋塞左下方，大拇指、食指和中指在旋塞右边，大拇指在前，食指和中指在后，手指略微弯曲，稍微用力，五个手指控制住旋塞，轻轻向里扣住旋转，手心不要顶住活塞小头一端，以免使旋塞松动，使溶液溅漏。右手握住锥形瓶，边滴边摇动，向同一方向作圆周旋转，而不能前后振动，否则会溅出溶液。滴定速度一般为 10mL/min，即 3~4 滴/s，临近滴定终点时，应一滴或半滴地加入，并用洗瓶吹入少量水洗锥形瓶内壁，使溅起的溶液淋下，充分作用完全，继续滴定直至准确到达终点为止。为了在滴定时能控制溶液放出的量，除了旋塞应转动灵活之外，必须熟练掌握旋塞转动方法，并做到：①滴下一滴溶液即能关闭活塞；②使半滴溶液悬在滴定管尖上而不掉下。

使用碱式滴定管时，左手拇指在前，食指在后，捏住橡皮管中的玻璃珠所在部位稍上处，捏挤橡皮管，使其与玻璃珠之间形成一条缝隙，溶液即可流出，见图 1.8 所示。但注意不能捏挤玻璃珠下方的橡皮管，否则，在放开手时会有空气进入而形成气泡。

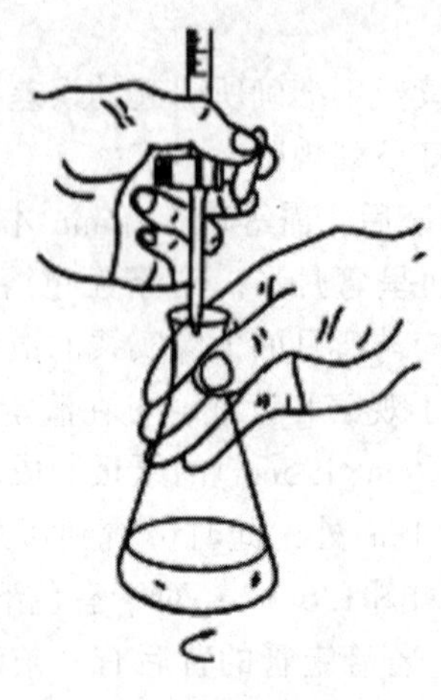
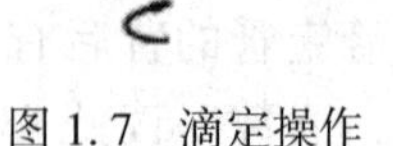

图 1.7　滴定操作

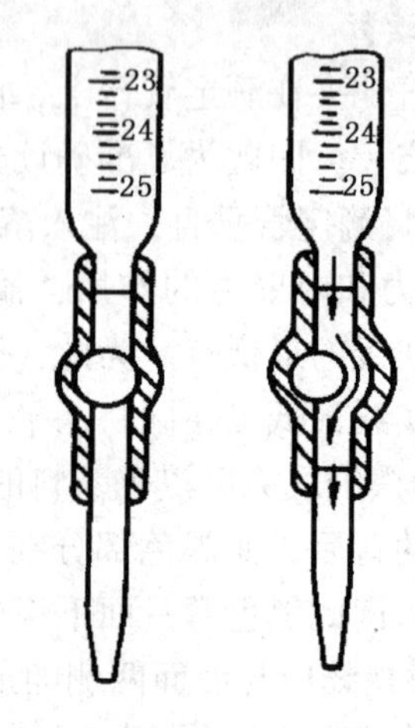

图 1.8　碱式滴定管滴定操作

在烧杯中滴定时，也应调节滴定管的高度，使滴定管的下端伸入烧杯内 1cm 左右。滴定管下端应在烧杯中心的左后方处，但不要靠内壁。左手滴加溶液的同时，右手持搅棒在右前方作圆周搅动，但不得接触烧杯壁和底，如图 1.9 所示。在加半滴溶液时，用搅棒下端承接悬挂的半滴溶液，放入烧杯中混匀。注意，搅拌只能接触溶液，不要接触滴定管尖。

滴定结束后，滴定管中剩余的溶液应弃去，不得将其倒回原瓶，随即洗净滴定管，并用蒸馏水充满全管，备用。

二、容量瓶

容量瓶是一种细颈梨形的平底玻璃瓶，带有玻璃磨口塞或塑料塞，如图 1.10 所示。颈上有一环形标线，表示在所示温度下(一般为 20℃)，当溶液充满到弯月面与标线相切时，瓶内容纳的溶液体积，恰好与瓶上所标示的体积相等(如瓶上标有“E20℃250mL”字样，“E”指容纳意思)。

容量瓶用于配制标准溶液或稀释溶液，有 5mL、10mL、25mL、100mL、250mL、500mL、1000mL 和 2000mL 等各种规格。

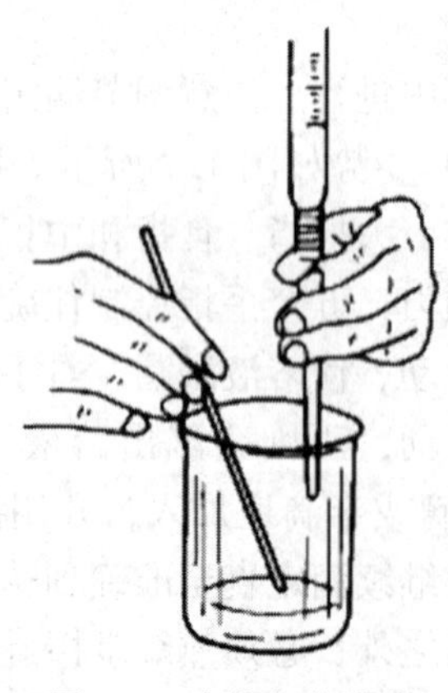

图 1.9　在烧杯中滴定

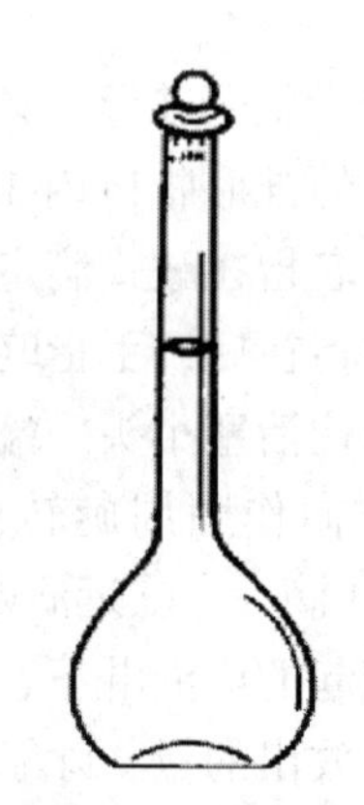

图 1.10　容量瓶

1. 容量瓶的准备

容量瓶使用前应检查是否漏水。检查的方法如下：注入自来水至标线附近，盖好瓶塞，用拇指和中指捏住容量瓶的瓶颈处，食指抵住瓶塞，并用另一只手托住瓶底，将瓶倒立观察周围是否有水渗出，如不漏水则可使用。容量瓶应洗涤干净，洗涤方法原则与洗涤滴定管相同，洗涤的容量瓶内壁应为蒸馏水均匀润湿，不挂水珠，否则要重洗。

2. 操作方法

容量瓶中只盛放已溶解的溶液，如用固体物质配制溶液，应先将固体物质在烧杯中溶解后，再把溶液转移入容量瓶中，操作见图 1. 11，然后用蒸馏水洗涤烧杯 4~5 次，洗涤液一起转入容量瓶中，当溶液盛至容积约 3/4 时应将容量瓶水平摇动使初步混匀(不可倒转)，然后稀释至刻度(观察刻度时，眼睛的视线应与标线的最低点相切)。盖好瓶塞，并用另一只手握住容量瓶底部。将容量瓶倒转并摇动容量瓶，待气泡上升至顶部时，再倒转摇动，如此反复多次，使溶液充分混匀，见图 1. 12。热溶液应冷却至室温后，才能注入容量瓶中，否则会造成体积误差。

三、移液管和吸量管

移液管(吸管)用于准确移取一定体积的溶液，通常有两种形状，一种移液管是一根细长而中间有一膨大部分(称为球部)的玻璃管，也称胖度移液管(胖度吸管)，在管的上端有一环形标线，球部有它的容积和标定时的温度，常用的移液管有 5mL、10mL、25mL、50mL 和 100mL 等几种。另一种是直形的，管上有刻度，称为吸量管(刻度吸管)。常用的有 1mL、2mL、5mL、10mL 等几种，如图 1. 13 所示。

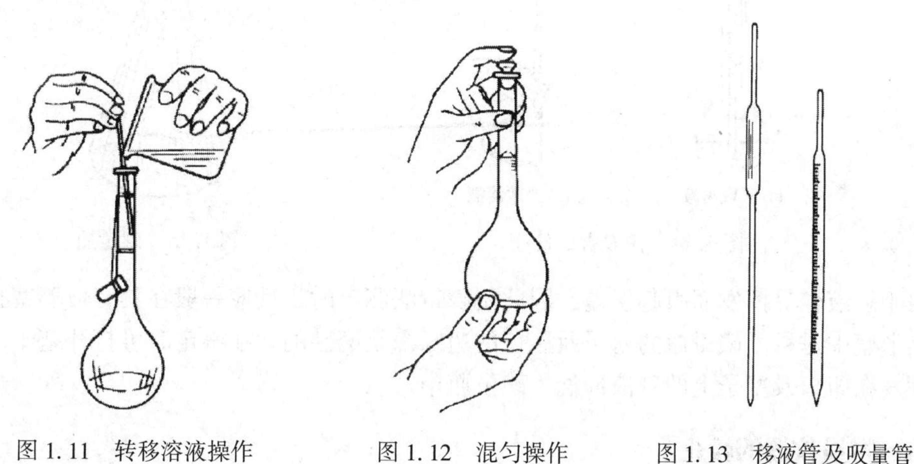

图 1. 11　转移溶液操作　　图 1. 12　混匀操作　　图 1. 13　移液管及吸量管

1. 洗涤

移液管和吸量管一般采用洗耳球吸取铬酸洗液或氢氧化钠酒精溶液洗涤，也可放在高型玻璃筒或量筒内用洗液浸泡，取出沥尽后，用自来水冲洗，再用蒸馏水洗干净。

2. 操作方法

移取溶液时，移液管和吸量管在使用前要洗涤干净，用滤纸将管尖端内外的水吸尽，然后用待移取的溶液润洗 2~3 次，以确保所移取溶液浓度不变。移取溶液时，用右手大拇指和中指拿住管颈标线上方，把管子下端的尖端插入溶液中 1~2cm，不要伸入太深，以免管口外壁沾附溶液过多；也不要伸入太浅，以免液面下降后吸入空气。左手拿洗耳球把球内空气压出，然后将球的尖端紧按住移液管管口，慢慢松开左手指使溶液吸入管内，如图 1. 14(a)所示。当液面升高到刻度以上时，移去洗耳球，立即用右手的食指堵住管口，大拇指和中指拿住移液管标线上方，将移液管离开液面，管的末端仍靠在盛液器皿的内壁上，略为放松食指轻轻旋动移液管身，使液面缓慢下降，直到视线平视时溶液的弯月面与标线相切，立即用食指压紧管口，取出移液管，插入承接溶液的器皿中，管的末端仍靠在器皿内壁上，此时移液管应垂直，承接的器皿稍倾斜约 30°，松开食指让管内溶液自然地全部沿器皿壁流下，如图 1.14(b)所示，待溶液下降到管尖后，应停留 10~15s 左右，再转动几圈后才能取出移液管。将移液管放在管架上，不可乱放，以免沾污。

注意移液管或吸量管放液后，如管上未标有“吹”字，残留在移液管末端的溶液不可吹入到接受瓶中，因为在生产检定时，并未把这部分体积记入进去。

四、碘量瓶

滴定操作多在锥形瓶中进行，有时可在烧杯中进行。带磨口塞子的锥形瓶称碘量瓶，如图 1.15。

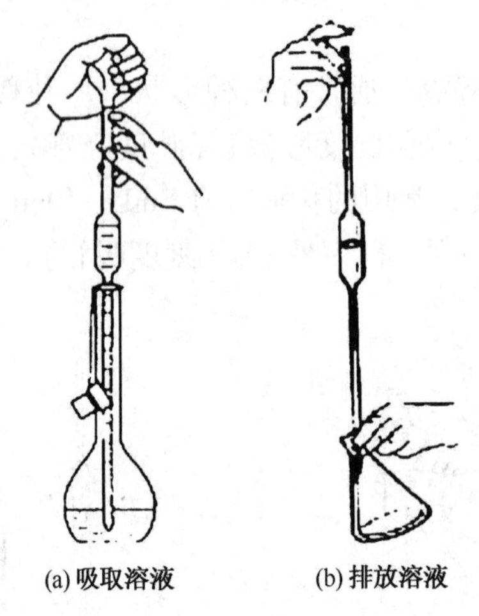

图 1.14　移液管的使用

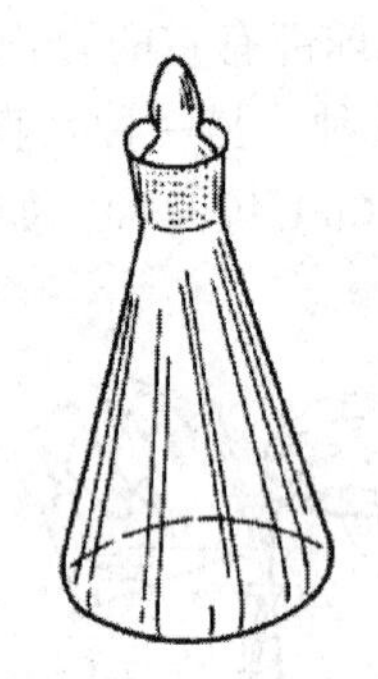

图 1.15　碘量瓶

由于碘液较易挥发而引起误差，因此用碘量法测定时，反应一般在具有玻璃塞且瓶口带边的锥形瓶中进行。碘量瓶的塞子及瓶口的边缘都是磨砂的。在滴定时可打开塞子，用蒸馏水将挥发在瓶口及塞子上的碘液冲洗入碘量瓶中。

五、容量仪器的校正

容量仪器的容积并不一定与它所标出的体积完全符合，因此，容量器皿按其容积的准确度可分一等和二等两种规格，其允许偏差(简称允差)列于表 1.1。

表 1.1　在标准温度(20℃)时，容量器皿的允许偏差(mL)

容量/mL	滴定管		移液管		质量管			容量瓶	
					完全流出式(慢)及不完全流出式		快流式及吹出式		
	一等	二等	一等	二等	一等	二等		一等	二等
1	±0.005	±0.010	±0.007	±0.015	±0.008	±0.016	±0.020		
2	±0.005	±0.010	±0.010	±0.025	±0.010	±0.02	±0.025		
5	±0.010	±0.020	±0.015	±0.030	±0.025	±0.005	±0.05	±0.02	±0.04
10	±0.025	±0.050	±0.020	±0.040	±0.050	±0.10	±0.10	±0.02	±0.04
25	±0.040	±0.080	±0.030	±0.060	±0.050	±0.10		±0.03	±0.06

续表

容量/mL	滴定管		移液管		质量管			容量瓶	
					完全流出式(慢)及不完全流出式		快流式及吹出式		
	一等	二等	一等	二等	一等	二等		一等	二等
50	±0.050	±0.100	±0.050	±0.10	±0.100	±0.20		±0.05	±0.10
100	±0.10	±0.20	±0.080	±0.16				±0.10	±0.20
250								±0.15	±0.30
500								±0.25	±1.50
1000								±0.40	±0.80
2000								±0.60	±1.20

一般分析实验所使用的容量器皿，如果符合上述规格，就不需要校正，但对于准确度要求高，如在科研工作或标准试样的分析中，容量器皿还需要进行校准。

容量器皿常采用绝对校准法和相对校准法。

1. 绝对校准

绝对校准是测定容量器皿的实际容积。常用的标准方法为衡量法，又叫称量法。即用天平称得容量器皿容纳或放出纯水的质量，然后根据水的密度，计算出该容量器皿在标准温度20℃时的实际容积，由质量换算成容积时，需考虑三方面的影响：

① 水的密度随温度的变化；

② 温度对玻璃器皿容积胀缩的影响；

③ 在空气中称量时空气浮力的影响。

为了便于计算，将上述三种因素综合考虑，得到一个总校准值。经总校准后的纯水密度列于表1.2。表中数值表示，容积为1L的玻璃器皿所盛水在空气中和不同温度下，用黄铜砝码称取的质量。实际应用时，只要称出被校准的容量器皿容纳和放出纯水的质量，再除以该温度时纯水的密度值，便是该容量器皿在20℃时的实际容积。

表1.2　不同温度下纯水的密度值

（空气密度为0.0012g · mL^{-1}，钙钠玻璃体膨胀系数为2.6×10^{-5}℃$^{-1}$）

温度/℃	密度/(g · mL^{-1})	温度/℃	密度/(g · mL^{-1})	温度/℃	密度/(g · mL^{-1})
10	0.9984	17	0.9976	24	0.9964
11	0.9983	18	0.9975	25	0.9961
12	0.9982	19	0.9973	26	0.9959
13	0.9981	20	0.9972	27	0.9957
14	0.9980	21	0.9970	28	0.9954
15	0.9979	22	0.9968	29	0.9951
16	0.9978	23	0.9966	30	0.9948

例如：在18℃，某一50mL容量瓶容纳纯水的质量为49.87g，计算出该容量瓶在20℃时的实际容积。

由表1.2得18℃水的密度为0.9975g · mL^{-1}，所以在20℃时容量瓶的实际容积V_{20}为：

$$V_{20}=\frac{49.87}{0.9975}=49.99\text{mL}$$

2. 相对校准法

要求两种容器体积之间有一定的比例关系时，常采用相对校准的方法。例如，25mL 移液管量取液体的体积应等于 250mL 容量瓶量取体积的十分之一。

六、化学试剂和标准溶液

1. 化学试剂的种类和选用

化学试剂按其纯度的不同分为优级纯、分析纯、化学纯与实验试剂四种规格，优级纯又称保证试剂，成分高杂质含量低，用于精密的科研工作的测定；分析纯纯度低于优级纯；化学纯又低于分析纯，但优于实验试剂。

此外，还有一些特殊用途的所谓“高纯”试剂。例如，“光谱纯”试剂，是以光谱分析时出现的干扰的谱线强度大小来衡量的；“色谱纯”试剂，是在最高灵敏度(10^{-10}g)以下无杂质峰来表示的；“放射化学纯”试剂，是以放射性测定时出现干扰的核辐射强度来衡量的；“MOS”试剂，是“金属-氧化物-硅”或“金属-氧化物-半导体”试剂的简称，是电子工业专用的化学试剂。

在一般分析工作中，应根据不同的分析要求选用不同级别的试剂。滴定分析中通常采用分析纯试剂。在络合滴定时，如所用试剂含杂质金属离子，会封闭指示剂而影响分析结果。一般在工业分析中可选用化学纯试剂，在痕量分析或分光光度分析中，为了减少空白值，需选用纯度高的试剂。通常分析实验要求使用的试剂均为分析纯(A. R)试剂，以后不再加以说明。

2. 标准溶液的配制和标定

标准溶液是已知准确浓度的溶液。它们的浓度常用摩尔浓度和滴定度表示。标准溶液的浓度准确与否，直接影响分析结果的准确度。标准溶液的配制方法如下：

(1) 直接法

准确称取一定量的基准试剂，溶解后定量地转移到容量瓶中，并用水稀释至刻度。根据称取试剂的质量和容量瓶的体积，直接计算出它的准确浓度。例如，$0.02mol \cdot L^{-1} K_2Cr_2O_7$ 标准溶液就采用直接法配制。

(2) 间接法(标定法)

大多数标准溶液用间接法配制，例如：HCl、NaOH、$KMnO_4$、$Na_2S_2O_3$标准溶液等。即先配成接近所需浓度的溶液，然后用基准试剂来测定它的准确浓度。也可以用已知准确浓度的标准溶液来标定，这一方法虽比用基准物标定法简便，但准确度不如直接标定高。

为了减少标定的误差，基准物的称取量应大于 200mg，滴定的体积应大于 20mL，使称量和溶液体积相对误差均小于 0.1%。

配制标准溶液应用纯水，纯水有蒸馏水和去离子水等。配制酸碱标准溶液时需用新鲜煮沸的蒸馏水，以减少 CO_2带来的误差；配制 EDTA 标准溶液时应用去离子水，消除杂质金属离子影响；配制 $AgNO_3$标准溶液，应使用无 Cl^-的水配制。

3. 缓冲溶液的选择和配制

许多分析反应必须在一定的 pH 值范围内进行，常用加入缓冲剂来控制溶液的 pH 值。

用于分析化学中的缓冲溶液很多，表 1.3 为常用的缓冲溶液。在选择缓冲溶液时应注意下列几个方面：

① 缓冲溶液的 pK_a 值应接近于分析要求的 pH 值，例如分析要求的 pH 值为 5.0，则可选择 HAc-NaAc（HAc 的 pK_a=4.75）或$(CH_2)_6N_4$-$(CH_2)_6N_4H^+$[$(CH_2)_6N_4$的 pK_b=8.87]的缓冲体系；如需要 pH=9.54 左右的缓冲溶液，则可选择 NH_3-NH_4Cl（NH_3的 pK_b=4.75）缓冲体系。如分析反应要求酸度控制在 pH≤2 或 pH=12~14，则用强酸或强碱控制酸度，但它并不是缓冲溶液。常用的强酸有 HCl、HNO_3；强碱有 NaOH、KOH。

表 1.3　常用的缓冲溶液

缓冲溶液	pK_a	适用缓冲的 pH 值范围
HCl　HNO_3　$HClO_4$		0~2
氨基乙酸-HCl	2.4　9.7	1.4~3.4
氨基乙酸	2.8	1.8~3.8
邻苯二甲酸氢钾-HCl	2.9　5.4	1.9~3.9
HAc-NaAc	4.8	3.8~5.8
六次甲基四胺-HCl	5.1	4.1~6.1
NaH_2PO_4-Na_2HPO_4	2.0　7.2　12.4	6.2~8.2
NH_3-NH_4Cl	9.2	8.2~10.2
Na_2HPO_4-NaOH	2.1　7.2　12.4	10.9~12.0
NaOH　KOH		12~14

② 缓冲溶液应有足够的浓度，且缓冲组分浓度比接近于 1，以保证有足够的缓冲容量。

③ 缓冲溶液对分析反应无干扰。

在分析工作中常常需要直接以一个酸性溶液或碱性溶液调节酸度至一定的 pH 值。此时，不是直接加入缓冲溶液，而是加入某种试剂，使其与溶液中的酸碱作用后形成缓冲体系。

例如，调节一个含 HCl 的溶液的 pH 值至 5 左右时，可以在溶液中加入过量的六次甲基四胺，形成$(CH_2)_6N_4$-$(CH_2)_6N_4H^+$缓冲体系。又如要使含有 NaOH 的溶液的 pH 值至 5 左右，则可在此溶液中加入过量 HAc，使其形成 HAc-NaAc 缓冲体系。

4. 指示剂的配制

根据指示剂的性质，其配制的方法有下列几种：

① 凡易溶于水，且在水中稳定的指示剂均用水溶液配制。例如甲基橙、二苯胺磺酸钠等。

② 难溶于水的指示剂，则用乙醇等有机溶剂配制，例如酚酞、甲基红等。

③ 在水中不稳定的指示剂，则可用惰性盐类混合稀释配制，例如铬黑 T 在水溶液中只能稳定数天。如将铬黑 T 和烘干、研制的 NaCl 研磨混匀成固体混合物，则可较长期地保存使用。

1.3　重量分析基本操作

一、沉淀

称取一定量的试样，处理成溶液后，在其中加入适当的沉淀剂。进行沉淀操作时，应一手拿滴管慢慢地滴加沉淀剂，另一手持玻璃棒不断地搅动溶液，搅动时玻璃棒不能碰到烧杯壁或烧杯底，同时速度不要太快，以免溶液溅出。

溶液如果需要加热，一般在水浴或电热板上进行。沉淀后应检查是否完全。检查的方法如下：待沉淀沉降后，在上层清液中加入少量沉淀剂，观察有无浑浊现象，如出现浑浊，需再补加沉淀剂，直至上层清液中，再次检查时不再出现浑浊为止，然后盖上表面皿。

二、过滤和洗涤

过滤是使沉淀和母液分离的过程。一般采用滤纸或微孔玻璃滤器过滤。对于需要灼烧的沉淀常用滤纸过滤。对于过滤后只需烘干即进行称量的沉淀，则采用微孔玻璃坩埚过滤，现分别介绍如下。

（一）用滤纸过滤

滤纸分定性滤纸和定量滤纸两种。在重量分析中，当需将滤纸连同沉淀一起灼烧后称量时，应采用定量滤纸。滤纸按大小分 ϕ11cm、ϕ9cm、ϕ7cm 等几种，按空隙大小分“快速”、“中速”、“慢速”三种。根据沉淀的性质选择滤纸的类型，如 $BaSO_4$、$CaC_2O_4 \cdot 2H_2O$ 等细晶形沉淀，应选用慢速定量滤纸过滤；$Fe_2O_3 \cdot nH_2O$ 为胶体沉淀，需选用快速定量滤纸过滤，滤纸的大小则根据沉淀量的多少来选择。

1. 漏斗

漏斗锥体角度为60°，颈的直径不能太大，一般应为3~5mm，颈长为150~200mm，颈口处磨成45°角度。

2. 滤纸的折叠

滤纸一般按四折法折叠，折叠时，应先把手洗净，擦干，以免弄脏滤纸，滤纸的折叠方法如图1.16所示。

图1.16　滤纸折叠示意图

折叠好的滤纸放入漏斗中，应使滤纸和漏斗贴紧，如不密合，则会影响过滤速度。在折叠滤纸时应注意，有的漏斗的锥角略大于60°，折叠时要稍微放宽一些，以使折叠后的滤纸的锥角也略大于60°，否则不能贴紧。

滤纸放入漏斗时，一个半边三层，另一个半边为一层，滤纸应低于漏斗的边缘0.1~1cm，不能超出漏斗边缘。为了使滤纸和漏斗贴紧而无气泡，常在三层厚的外层滤纸折角处撕下一小块，此小块滤纸还可留作擦试烧杯内残留的沉淀用。

滤纸放入漏斗后，用手按紧使之密合，然后用洗瓶加入少量水润湿滤纸，轻轻压滤纸赶出气泡，加水至滤纸边缘，此时漏斗颈内应全部充满水，形成水柱，由于液体的重力可起抽滤作用，从而加速过滤速度。

若不能形成水柱，可用手指堵住漏斗下口，稍掀起滤纸的边，用洗瓶向漏斗和滤纸的空隙加水，使漏斗充满水，再压紧滤纸纸边，松开手指，此时应形成水柱，如仍不能形成水柱，可能漏斗颈太大。

3. 过滤

在过滤前，应将承接滤液的烧杯洗净，漏斗放在漏斗架上，漏斗颈口长的一边紧贴烧杯壁。

过滤一般分为三个阶段进行：第一个阶段采用倾泻法，尽可能地过滤清液，并作初步洗涤，如图 1.17 所示。第二个阶段转移沉淀到漏斗上。第三个阶段清洗烧杯和洗涤漏斗上的沉淀。

为了避免沉淀堵塞滤纸的空隙，影响过滤的速度，多采用倾泻滤，即待烧杯中沉淀下降之后，将清液倾入漏斗中，而玻璃棒的下端对着滤纸三层厚的一边，并尽可能接近滤纸，但不能接触滤纸。倾入的溶液一般只充满滤纸的三分之二，或离滤纸上的边缘约 5mm，以免少量沉淀因毛细管作用越过滤纸上缘，造成损失。

当暂停倾泻时，应将玻璃棒沿烧杯嘴向上提起，使烧杯直立，决不能使烧杯嘴上的液滴流失，玻璃棒应放回原烧杯中，但不能靠在烧杯嘴处，以免沾有沉淀而造成损失。

倾注清液最好一次完成，如要中断，需待烧杯中沉淀沉降后，继续倾注。倾注完成后作初步洗涤，洗涤时，应用塑料洗瓶，挤出洗涤液(约 10mL)洗涤烧杯四周，使粘附着的沉淀集中在烧杯底部，放置澄清后，再倾泻过滤，如此重复洗涤，过滤 3~4 次，然后加少量洗涤液，搅动混合，立即将沉淀和洗涤液倾入漏斗上，再加入少量洗涤液，搅动混合后按上述方法转移，如此重复几次，将大部分沉淀转移到滤纸上。

如仍有沉淀未全部转移到滤纸上，按图 1.18 所示的方法，把沉淀完全转移到滤纸上：将烧杯倾斜放在漏斗上方，烧杯嘴朝着漏斗，用食指将玻璃棒架在烧杯嘴上，下端对着三层厚滤纸处，用洗瓶洗烧杯四壁，沉淀连同溶液流入漏斗中(注意不让溶液溅出)，如烧杯中仍有少量沉淀，可用前面撕下的滤纸角擦洗烧杯后放入漏斗，以保证转移完全。

图 1.17　倾泻法过滤

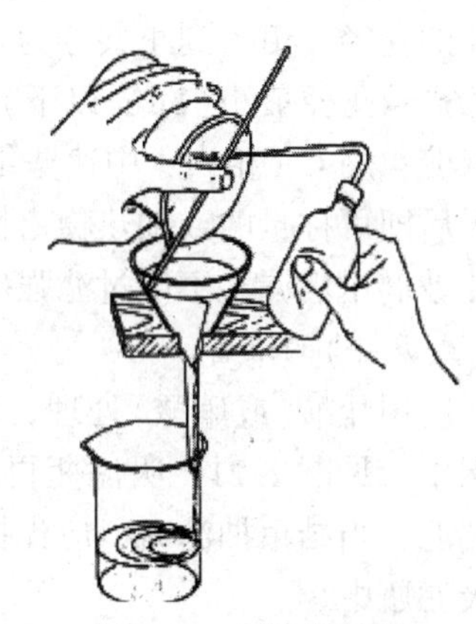

图 1.18　沉淀的转移

4. 沉淀的洗涤

沉淀全部转移到滤纸上后，应对它进行洗涤，洗涤的目的在于将沉淀表面所吸附的杂质和残留的母液除去。其方法如图 1.19 所示，从滤纸边缘开始往下螺旋形移动，这样可使沉淀集中到滤纸的底部。

为了提高洗涤的效率，应掌握洗涤方法的要领：洗涤沉淀时，每次使用少量洗涤液，洗后尽量沥干，多洗几次，即为“少量多次”的原则。

洗涤到什么程度才算洗净了呢？这可根据具体情况进行检查，例如当试液中含有 Cl^- 或 Fe^{3+} 时，则检查当洗涤液中不含有 Cl^- 或 Fe^{3+} 时，即可认为沉淀已洗净了。为此可用一干净的小试管承接

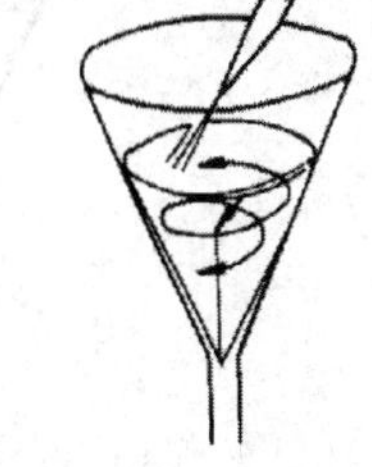

图 1.19　在漏斗中洗涤

1～2mL 滤液，酸化后，用 $AgNO_3$或 KSCN 溶液分别检查，若无 AgCl 白色浑浊或 $Fe(SCN)_6^{3-}$淡红络合物出现，说明沉淀已洗净，否则还需洗涤，直至滤液中检查不出 Cl^-或 Fe^{3+}为止。如无明确的规定，通过洗涤 8～10 次，就认为已洗净，对于无定形沉淀，洗涤的次数可稍多几次。

沉淀洗涤剂的选用，应根据沉淀的性质而定。

① 晶形沉淀，可用冷的稀沉淀剂洗涤，因为这时存在同离子效应，故可减少沉淀溶解损失。但是如沉淀剂为不挥发的物质，就不能用作洗涤液，此时可改用水或其他合适的溶液洗涤沉淀。

② 无定形沉淀，用热的电解质溶液作洗涤剂。为防止产生胶溶现象，大多采用挥发的铵盐作洗涤剂。

③ 对于溶解度较大的沉淀，采用沉淀剂加有机溶剂洗涤沉淀，可降低其溶解度。如用滴定法测 SiO_2，先将 SiO_2沉淀为 K_2SiF_6，此沉淀水解后释放出 HF，可用 NaOH 溶液滴定。为了降低 K_2SiF_6的溶解度，采用 5%KCl 的 1∶1 乙醇溶液作洗涤液。

（二）用微孔玻璃坩埚（或漏斗）过滤

有些沉淀只需烘干后即可称量时采用玻璃坩埚过滤，例如用有机沉淀剂所得的沉淀高温时会分解，有些沉淀（AgCl 等）在灼烧过程中易被滤纸还原，但在适当的温度下，这类沉淀经烘干后能达到一定组成的称量形式要求，则采用玻璃坩埚过滤。

1. 微孔玻璃坩埚（或漏斗）的性能

如图 1.20 所示，这种过滤器皿的滤板是用玻璃粉末在高温下熔结而成的。

按照微孔的孔径，由大到小共分为六级，G_1～G_6（或称 1～6 号）。“1”号的孔径最大（80～120μm），“6”号孔径最小（2μm 以下），在定量分析中一般用 G_4～G_5（相当于慢速滤纸），过滤细晶形沉淀；用 G_2（相当于中速滤纸）过滤粗晶形沉淀，使用此类滤器时，需要抽气过滤，凡是烘干后即可称量的或加热稳定性差的沉淀（如 AgCl）可采用微孔玻璃漏斗（或坩埚）过滤。但微孔玻璃坩埚漏斗不能过滤强碱性溶液，因强碱性溶液会损坏玻璃微孔。

2. 坩埚（或漏斗）的准备

使用前，应用盐酸（或硝酸）处理，然后用水洗净，洗时应先将微孔玻璃坩埚装入吸滤瓶的橡皮垫圈中，见图 1.21，吸滤瓶再用橡皮管接于抽水泵上。当用盐酸洗涤时，先注入酸液，然后抽滤，当结束抽滤时，应先拔出抽滤瓶上的橡皮管，再关抽水泵，否则水泵中的水会倒吸入吸滤瓶中。

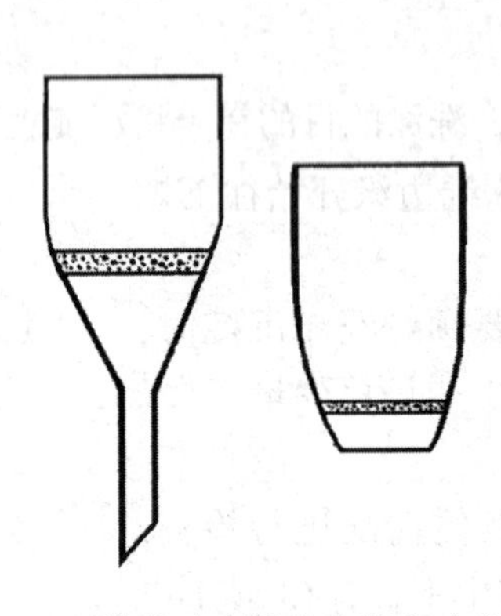

图 1.20 微孔玻璃漏斗和微孔玻璃坩埚

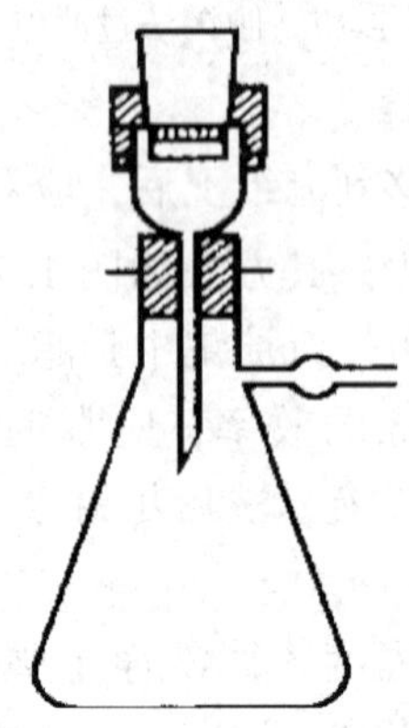

图 1.21 抽滤装置

3. 过滤

将已洗净、烘干且恒重的坩埚装入抽滤瓶的橡皮垫圈中，接橡皮管于抽水泵上。在抽滤时，用倾泻法过滤，其操作与用滤纸相同，不同之处是在抽滤下进行。

三、沉淀的干燥与灼烧

经过滤和洗涤的沉淀还必须经过烘干、炭化、灰化和灼烧等操作才能最后称出沉淀的质量。操作过程如下。

1. 坩埚的准备

灼烧沉淀需用瓷坩埚，使用前应洗净、凉干或烘干，然后用蓝墨水或 $K_4Fe(CN)_6$ 在坩埚和盖子上编号，干后将坩埚放入马弗炉中，在 800～1000℃ 以下灼烧。第一次灼烧约 30min，取出稍冷后，转入干燥器中，放置 30min，冷至室温再称量。第二次再灼烧 15～20min，稍冷后再转入干燥器中，放置 30min，冷至室温，再称量。前后两次称量之差小于 0.2mg，即认为达到了恒重。

2. 沉淀的干燥及滤纸的炭化和灰化

先从漏斗内小心地取出带有沉淀的滤纸，仔细地将滤纸四周折拢，使沉淀完全包裹在滤纸中，此时应注意勿使沉淀有任何损失。将滤纸包放入已恒重的坩埚，让滤纸层数较多的一边朝上，这样可使滤纸较易灰化。将坩埚斜放在架有铁环的泥三角上，坩埚底应放在泥三角的一边，坩埚口对准泥三角的顶角，如图 1.22(a)所示，把坩埚盖斜倚在坩埚口的中部，然后开小火加热，把火焰对准坩埚盖的中心，见图 1.22(b)，使火焰加热坩埚盖，热空气由于对流而通过坩埚内部，使水蒸气从坩埚上部逸出。待沉淀干燥后，将煤气灯移至坩埚底部，见图 1.22(c)，仍以小火继续加热，使滤纸炭化变黑。炭化时应注意，不要使滤纸着火燃烧，否则微小的沉淀颗粒可能因飞散而损失。一旦滤纸着火时，应立即移去灯火，盖好坩埚盖，让火焰自行熄灭，切勿用嘴吹。稍等片刻再打开盖子，继续加热。直到滤纸全炭化不再冒白烟后，逐渐升高温度，并用坩埚钳夹住坩埚不断转动，使滤纸完全灰化呈灰白色。

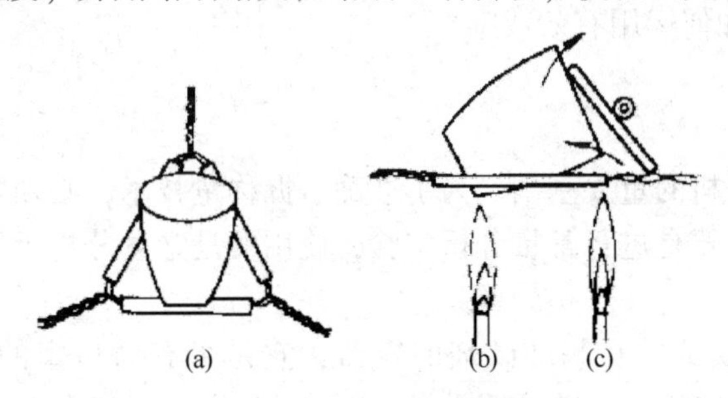

图 1.22　沉淀的灼烧和干燥

3. 沉淀的灼烧

滤纸灰化后，用特制的长坩埚钳，把坩埚移入马弗炉中，盖上坩埚盖，在指定温度下灼烧 20～30min。取出坩埚时，先将坩埚移到炉门旁边冷却片刻，然后放在泥三角架上或石棉板上，稍冷却后，放入干燥器中冷却至室温，称量。再灼烧 15min，冷却称量，直到恒重。

4. 干燥器

称量恒重过程所用的干燥器是一种具有磨口盖子的硬质玻璃器皿。它的磨口边缘涂有一层薄的凡士林，使之能与盖子密合。干燥器有常压干燥器和真空干燥器两种，真空干燥器干燥快速。干燥器的底部装有干燥剂，如变色硅胶、五氧化二磷、无水氯化钙和高氯酸镁等，其上搁置洁净的带孔瓷板。坩埚放在瓷板的孔内。开启干燥器时，用左手按住干燥器的下部，右手握住盖子的圆顶，向边缘推开，如图 1.23(a)所示。加盖时也应手握盖上圆顶慢慢推上。放入温热的坩埚或称量瓶时，要先将盖留一缝隙，稍等几分钟再盖严。搬动干燥器时，应按紧盖子，拿法如图 1.23(b)所示，以防盖子滑落。

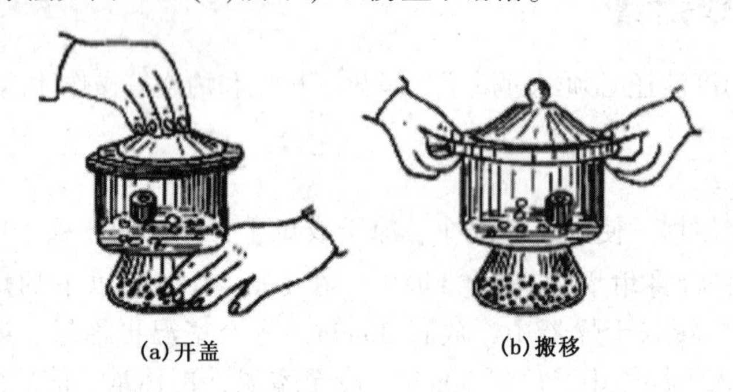

图 1.23　干燥器使用

由于各种干燥剂吸收水分的能力都具有一定的限度，因此干燥器中的空气并不是干燥的，只是湿度较低而已。所以灼烧或干燥后的坩埚和沉淀，如在干燥器中放置过久，可能会吸收少量水分，使重量略有增加，但放置时间也不能太短，否则称量热的物体会造成重量误差，通常放置约 30min 或 45min 后，即可称量。

1.4　天平称量练习

一、实验目的

1. 了解电子分析天平的构造，并熟悉分析天平的使用和维护；
2. 学会用减量法称取试样；
3. 了解在称量中如何运用有效数字。

二、实验原理

称量技术是定量分析的重要基础。为了准确掌握称量技术，必须熟悉分析天平的结构原理和操作要求。我们主要是进行常量分析实验，使用的是常量分析天平。目前实验室主要使用电子分析天平。

称量瓶是用于称取试样及基准试剂的容器，它是带有磨口塞的小玻璃瓶，重量较轻便于在天平上称量，并能防止样品吸收空气中的水分和二氧化碳。称量瓶盛放样品或基准试剂前需进行干燥。为了防止灰尘引入，称量瓶应放在盖有表面皿的烧杯中，在烘箱中 105～110℃干燥 0.5～1h。干燥好的称量瓶不能用手直接拿取，以免沾污，并应放在干燥器中保存。

每次称量前必须校准天平。分析样品的称量方式主要是差减称量法(减量法)：首先准确称取称量瓶和样品总重量 W_1(g)，然后取出称量瓶，用瓶盖轻敲称量瓶，使样品直接敲入锥形瓶中，剩余的样品和称量瓶再称量为 W_2(g)，则锥形瓶内试样重量为 $W = W_1 - W_2$(g)。其优点是可连续称取多份样品。称取每份样品时，不能多次测出，这样易引入误差，对于易湿样品更应避免，称量要快并应迅速完成。

三、实验步骤

1. 称量瓶的准备

取两只称量瓶依次用洗涤液、自来水、蒸馏水洗净后，放入清洁的400mL的烧杯中，称量瓶盖斜放在称量瓶上，烧杯口上放两只玻璃耳环，盖上表面皿置于烘箱中，升温至105~110℃。30min后，取出烧杯，稍冷片刻，将称量瓶放入干燥器中，冷至室温后，加1g试样于称量瓶中，盖上称量瓶盖备用。

2. 天平的准备

先开启天平，让其稳定30min以上，然后进行校准，完毕后即可称量。

3. 称量练习

减量法称取0.2~0.3g无水Na_2CO_3样品。

首先准确称出称量瓶和样品重量为W_1，取出称量瓶，用瓶盖轻轻敲击称量瓶，转移试样0.2~0.3g于第一个锥形瓶中。然后准确称出称量瓶和剩余试样的重量为W_2，$W_1-W_2=W$为第一份样品重量，再转移0.2~0.3g试样与第二个锥形瓶中，再准确称出第二份称量瓶和剩余试样的重量为W_3，$W_2-W_3=W$为第二份样品重量，同法，再进行第三份称量……

4. 清零/去皮法称量

将称量瓶轻轻放入天平的秤盘上，待读数稳定后，按天平的清零/去皮键(→O/T←)，待数据稳定为0.0000时，取出称量瓶进行敲样操作；敲出部分样品后，将称量瓶放回秤盘，此时数据显示为负值，若数值满足所需质量要求，即表示称量完成，否则再进行重复敲样。一份样品称量结束，可按清零/去皮键(→O/T←)，再进行第二份、第三份样品的称量。记录数据时去除负号，直接将数值写入表格。

5. 称量记录(示例)(去皮法则直接显示最后一行)

锥形瓶编号	1	2	3
称量瓶+样品重 m/g	16.7826	16.5800	16.3405
称量瓶+剩余样品重 m/g	16.5800	16.3405	16.0535
试样的质量 m/g	0.2026	0.2395	0.2870

注意事项

1. 应爱护天平，正确使用，称量前应检查天平是否处于水平。天平内如有灰尘，应用软毛刷轻轻扫净。

2. 为称量准确，称量瓶须用洁净纸条裹取。

3. 天平的顶窗在称量时不得随意打开。称量过程中取放物体，只能打开天平的左右两边侧门。应将称量瓶放于盘子中央。

4. 称量中不小心将样品撒落在天平称盘上或箱内时，必须立即清除干净。

5. 称量物体必须与天平室内温度一致，不得把热的或过冷的物体放入天平内称量。

6. 称量完毕，应及时关闭天平，检查称量瓶是否从天平盘上取出，天平门是否关好。

7. 称量的数据应及时记在预习报告本上，记录数据要实事求是，不能任意涂改，称量结束，数据由老师签字认可。

四、思考题

1. 分析天平的灵敏度愈高，是否称量的准确度就愈高？
2. 运用减量法称取样品，为什么不必称出称量瓶的准确质量？
3. 在称量记录和计算中，如何正确运用有效数字？
4. 天平的种类有哪些，衡量天平质量有哪些指标？
5. 称量方式一般有哪几种？

1.5 滴定管的校准

一、实验目的

1. 了解在准确度要求较高的分析工作前必须进行容量仪器校准的意义；
2. 通过滴定管的校准，掌握称量法校准容量器皿的方法。

二、实验原理

滴定管、移液管和容量瓶是滴定分析法所用的主要计量仪器。容量器皿的容积与其所标出的体积并非完全相符合。如果体积的差异不校准，则会引起测定误差。因此，在准确度要求较高的分析工作中，必须对容量器皿进行校准。滴定管校准是采用称量滴定管中放出的纯水，再由 $V_{20}=W_t/d_t$ 直接计算出它的容积（V_{20}）的方法来进行校准，这种校准方法称为称量法。

其中 V_{20}——滴定管在20℃时的容积；

W_t——滴定管放出的纯水在 t℃时，在大气中以黄铜砝码称量所得的重量；

d_t——校正了温度、空气浮力影响后，水在 t℃时的密度(参见表1.2)。

移液管校准与滴定管相同，容量瓶校准与滴定管之差别在于所称量的是容量瓶容纳的水量。

三、仪器

电子天平(0.0001g)；25mL移液管；250mL容量瓶；50mL容量瓶；

50mL酸式滴定管；温度计(0~50℃或0~100℃)；洗耳球。

四、实验步骤

酸式滴定管的校准：将干净并且外部干燥的50mL容量瓶，在台秤上粗称其质量，然后在电子天平上称量，准确称至小数点后第二位(0.01g)(为什么？)。将蒸馏水装满欲校准的酸式滴定管，调节液面至0.00刻度处，记录水温，然后按每分钟约10mL的流速，放出10mL(要求在10mL±0.1mL范围内)水于已称过质量的容量瓶中，盖上瓶塞，再称出它的质量，两次质量之差即为放出水的质量。用同样方法称量滴定管中从10mL到20mL，20mL到30mL，30mL到40mL，直至50mL为止。用实验温度时的密度除每次得到的水的质量，即可得到滴定管各部分的实际容积。将25℃时校准滴定管的实验数据列入表1.4中。

表 1.4　滴定管校准表

（水的温度 25℃，水的密度为 0.9961g·mL^{-1}）

滴定管读数	容积/mL	瓶与水的质量/g	水的质量/g	实际容积/g	校准值/mL	总校准值/mL
0.03		29.20(空瓶)				
10.13	10.10	39.28	10.08	10.12	+0.02	+0.02
20.10	9.97	49.19	9.91	9.95	−0.02	0.00
30.08	9.97	59.18	9.99	10.03	+0.06	+0.06
40.03	9.95	69.13	9.93	9.97	+0.02	+0.08
49.97	9.94	79.01	9.88	9.92	−0.02	+0.06

例如：25℃时由滴定管放出 10.10mL 水，其质量为 10.08g，算出这一段滴定管的实际体积为：

$$V_{20}=\frac{10.08}{0.9961}=10.12\text{mL}$$

故滴定管这段容积的校准值为 10.12−10.10=+0.02mL。

五、思考题

1. 称量水的质量时，为什么只要精确至 0.01g？

2. 为什么要进行容量器皿的校准？影响容量器皿体积刻度不准确的主要因素有哪些？

3. 利用称量水法进行容量器皿校准时，为何要求水温和室温一致？若两者有稍微差异时，以哪一温度为准？

4. 从滴定管放去离子水到称量的容量瓶内时，应注意些什么？

5. 使用移液管的操作要领是什么？为何要垂直流下液体？为何放完液体后要停一定时间？最后留于管尖的液体如何处理，为什么？

1.6　容量瓶和移液管的相对校准

一、实验目的

1. 了解容量器皿的性能、规格和选用原则；

2. 掌握容量瓶和移液管的使用；

3. 掌握容量瓶和移液管的相对校准方法。

二、实验原理

分析实验室常用的玻璃容量仪器如滴定管、移液管、容量瓶等，都具有刻度和标称容量，此标称容量是 20℃时以水体积来标定的。合格产品的容量误差应小于或等于国家标准规定的容量允差。但由于不合格产品的流入、温度的变化、试剂的腐蚀等原因，容量器皿的实际容积与它所标称的容积往往不完全相符，甚至其误差可以超过分析所允许的误差，因此若不进行容量校准就会引起分析结果的系统误差。

在实际工作中，容量瓶和移液管常配合使用。因此，重要的不是要知道所用容量瓶的绝对容积，而是容量瓶与移液管的容积比例是否正常。例如 250mL 的容量瓶的容积应为 25mL 移液管所放出体积的 10 倍。这种用一个已校准的容器间接校准另一个容器的方法称为相对校正法。

对初学者，主要是由于不能正确地使用这些仪器而引入较大的误差。本实验的目的也在于使初学者能正确、熟练地掌握容量瓶和移液管的操作技术。

三、实验步骤

预先准备好干净、干燥的250mL容量瓶，用25mL移液管吸取10次蒸馏水于容量瓶中(操作时切勿让水碰到容量瓶的磨口)，观察液面是否与标线一致。如不一致贴一条透明玻璃胶带另作一标记(使弯月面底与胶带上界相切)。经相对校准后，移液管和容量瓶可配套使用。移液管吸取一次溶液的体积即准确地等于容量瓶中溶液的十分之一。

注意事项

1. 校正前，容量瓶需干燥。
2. 这是第一次移液管的操作练习，操作时注意准确、规范。
3. 注意移好液体后，移液管下端的挂滴要预先除去。而放完液体后，最后的一滴液体不能用洗耳球将其吹出。

四、思考题

1. 用移液管移取溶液时，为什么一般用右手大拇指和中指拿住管颈标线上方，而不拿在下面部分?
2. 移液管在容量瓶内吸取25.00mL溶液后，放入锥形瓶中，应把移液管的未端靠在锥形瓶内壁上，移液管应垂直，承接的锥形瓶稍倾斜，让移液管内溶液自然地全部流下后，还要把移液管下端的一小滴溶液用洗耳球将它吹入锥形瓶内，你认为这样做对否?
3. 容量瓶校正时为什么需要干燥?在容量瓶中配制标准溶液时是否也要干燥?
4. 移液管和滴定管校正时是否也需要干燥?为什么?
5. 容量瓶与移液管进行相对校准时，移液管中的水沿壁放入容量瓶中的液滴落在容量瓶的磨口处有无影响?
6. 容量瓶和移液管的刻度以上部分有液滴挂壁时，对校准有何影响?

第 2 章　酸碱滴定

2.1　酸碱体积比的测定

一、实验目的

1. 了解常用标准溶液的配制方法；
2. 掌握酸碱二者体积比的测定的原理和方法；
3. 熟悉甲基橙和酚酞指示剂的使用和终点的确定。

二、实验原理

酸碱滴定中常用盐酸和氢氧化钠溶液作为标准溶液，但由于浓盐酸容易挥发，氢氧化钠易吸收空气中的水分和 CO_2，不符合直接法配制的要求，只能先配制成近似浓度的溶液，然后用基准物质标定其准确浓度。也可用已知准确浓度的标准溶液来标定。

酸碱指示剂都具有一定的变色范围。用 $0.1mol \cdot L^{-1}$HCl 去滴定 NaOH 溶液时(强酸与强碱的滴定)，其突跃范围为 pH 9.7~4.3，应当选用在此范围内变色的指示剂，例如甲基橙 pH 3.1~4.4 或酚酞 pH 8.0~9.6。

本实验以甲基橙为指示剂，用盐酸标准溶液滴定氢氧化钠标准溶液，当指示剂由黄色变为橙色时，即表示达到终点。由此可计算盐酸和氢氧化钠溶液体积比(V_{HCl}/V_{NaOH})。

若以酚酞为指示剂，用氢氧化钠标准溶液滴定盐酸标准溶液，当指示剂由无色变为微红色并保持 30s 不褪色时，即为终点，同样可以计算体积比。

三、仪器与试剂

台秤(0.1g)；50mL 酸碱滴定管；10mL 量筒；250mL 锥形瓶；

氢氧化钠固体(A.R)；浓盐酸($12mol \cdot L^{-1}$)；

0.1%甲基橙水溶液；0.1%酚酞乙醇溶液。

四、实验步骤

1. $0.1mol \cdot L^{-1}$盐酸和 $0.1mol \cdot L^{-1}$氢氧化钠标准溶液的配制

① $0.1mol \cdot L^{-1}$HCl 标准溶液：计算配制 300mL $0.1mol \cdot L^{-1}$HCl 溶液需要多少毫升浓 HCl($12mol \cdot L^{-1}$)，用 10mL 量筒量取并倒入试剂瓶中，加入约 200mL 蒸馏水，摇匀，再加蒸馏水稀释至 300mL，摇匀，贴上标签。

② $0.1mol \cdot L^{-1}$NaOH 标准溶液：计算配制 800mL $0.1mol \cdot L^{-1}$NaOH 溶液需要称多少克的 NaOH，在台秤上称取后，放入洁净的小烧杯中，用煮沸并冷却的蒸馏水溶解后，转入试剂瓶中，加水稀释至 800mL，摇匀，用橡皮塞塞好瓶口，贴上标签。

2. 滴定管的准备

酸式滴定管洗净后，活塞涂凡士林，检查不漏水后，用 0.1mol · L^{-1} HCl 标准溶液润洗 2~3 次。每次用 5~10mL，再以滴定管两端分别流出弃去。然后再装满滴定管，赶出活塞处气泡，调节滴定管内液面的弯月面恰好在刻度“0”处或略下处，静止 1min，准确读数，读准至 0.01mL，并记录在记录本上。

碱式滴定管洗净后安装合适的橡皮管和玻璃珠。检漏后用 0.1mol · L^{-1} NaOH 溶液洗涤 2~3 次，每次用 5~10mL，再从滴定管两端分别流出弃去。然后，再装满滴定管，赶出乳胶管处气泡，调节滴定管内液面的弯月面恰好在刻度“0”或略下处，静止 1min 后，准确读数，读准至 0.01mL，并记录在记录本上。

3. 滴定练习

① 滴定管放出溶液：从滴定管中放出约 20~25mL 0.1mol · L^{-1} NaOH 溶液于 250mL 锥形瓶中，放出溶液时用左手控制滴定管，右手拿锥形瓶瓶颈，滴定管下端应伸入瓶口约 1cm 处，控制溶液流速使其一滴紧接一滴的流下(不大于 10mL/min)，不能成线状流下。

② 滴定：于上面盛 NaOH 的锥形瓶中，加入 1 滴甲基橙指示剂，在锥形瓶下放一块白瓷板，从酸式滴定管放出 HCl 溶液进行滴定，在整个滴定过程中，左手不能离开活塞任溶液自流，右手不停地摇动，使锥形瓶作圆周运动。

③ 滴定终点判断：当滴定到溶液滴落点周围有明显颜色变化时(红色)应减慢滴定速度，一滴一滴地加入 HCl 溶液。当红色消色减慢时，表示终点已经临近，此时应更缓慢地滴入溶液。当滴入一滴溶液，红色能扩散到整个溶液，摇动 2~3 次才消失时，应加一滴摇几次，最后加入半滴(滴定管口放出半滴溶液，接触锥形瓶内壁流下)就要摇几次，直至滴入半滴溶液由黄色变为浅橙色而不消失时即为终点。为了练习正确判断滴定终点，在锥形瓶中再加入少量 NaOH 溶液至橙色变为黄色，再按上述操作，用 HCl 溶液滴定至终点。如此反复练习，直至能判断滴定终点为止。

此时分别准确记下所消耗的 NaOH 和 HCl 的体积数。可再滴加半滴 HCl，若溶液橙色加深，即表示上面终点判断正确。平行测定三份，然后进行数据处理。

五、数据记录与处理

序号 / 记录项目	1	2	3
V_{NaOH} 终读数/mL			
V_{NaOH} 初读数/mL			
V_{NaOH}/mL			
V_{HCl} 终读数/mL			
V_{HCl} 初读数/mL			
V_{HCl}/mL			
V_{HCl}/V_{NaOH}			
$\overline{V_{HCl}/V_{NaOH}}$			
相对平均偏差			

注意事项

1. 每次滴定都应从0.00开始，或接近“0”的任一刻度开始，这样可以减小滴定误差。

2. 滴定时，要根据反应情况控制滴定速度，滴定速度不能太快，特别是第一份样品，必须慢慢滴加，近终点时，必须半滴半滴加。

3. 滴定时，要观察液滴落点周围溶液颜色变化，不要去看滴定管上部的体积而不顾滴定反应的进行。

4. 终点颜色要反复比较，仔细观察，能准确判断终点后，再记录数据。

5. 滴定管一定要洗至不挂水珠，HCl、NaOH标准溶液使用前必须摇匀。

6. 终点较难判断时，放一空白，进行比较。

7. 标准溶液要直接倒入滴定管中，不能用滴管调节零刻度。

8. 此次实验为第一次的滴定管操作，一定要注意操作的准确和规范。

9. 实验结束写出完整的实验报告，注意实验报告的格式是否规范。

六、思考题

1. 本实验中分别用甲基橙和酚酞指示剂，滴定的结果是否相同？

2. 如HCl、NaOH标准溶液未摇匀，对测定的精密度有何影响？

3. 该测定实验中，如三份样品分析结果精密度达不到1.5‰，主要由哪些原因造成？

4. 在滴定分析中，滴定管为什么需用标准溶液润洗？锥形瓶是否也需润洗？

5. 如滴定管挂水珠，滴定管内有气泡，两种情况是如何影响测定准确度和精密度？

6. 滴定时为什么一般需用体积为20~30mL的标准溶液？如用5~10mL或60~70mL是否可以，为什么？

2.2 盐酸和氢氧化钠标准溶液的浓度标定

一、实验目的

1. 学会用基准物质标定标准溶液浓度的方法；

2. 掌握NaOH和HCl标准溶液浓度的标定方法；

3. 进一步熟练地掌握减量法的称量和滴定操作。

二、实验原理

邻苯二甲酸氢钾和草酸均可作为基准物标定NaOH标准溶液的浓度，由于邻苯二甲酸氢钾的摩尔质量大，可使称量误差减小，故本实验以邻苯二甲酸氢钾作基准物质，酚酞作指示剂，标定氢氧化钠溶液的浓度。同理以碳酸钠作基准物质，甲基橙为指示剂，标定盐酸标准溶液的浓度。

相关的化学反应式和计算公式如下：

$$KHC_8H_4O_4+NaOH = KNaC_8H_4O_4+H_2O$$

$$C_{NaOH}=\frac{W\times1000}{V_{NaOH}\times M_{KHC_8H_4O_4}}\text{mol}\cdot\text{L}^{-1}$$

$$M_{KHC_8H_4O_4}=204.2$$

$$Na_2CO_3+2HCl=\!=\!=2NaCl+H_2CO_3$$
$$\quad\quad\quad\quad\quad\quad\quad\quad\quad\quad\quad\quad \llcorner\!\rightarrow CO_2 + H_2O$$

$$C_{HCl}=\frac{2W\times1000}{V_{HCl}\times M_{Na_2CO_3}}\text{mol}\cdot\text{L}^{-1}$$
$$M_{Na_2CO_3}=106.0$$

三、仪器与试剂

台秤(0.1g)；电子天平(0.0001g)；

50mL 酸碱滴定管；250mL 锥形瓶；

0.1mol · L^{-1}NaOH 标准溶液；0.1mol · L^{-1}HCl 标准溶液；

0.1%甲基橙水溶液；0.1%酚酞乙醇溶液；

基准物质邻苯二甲酸氢钾(经 105~120℃干燥至恒重)；

基准物质无水碳酸钠(经 180~200℃干燥至恒重)。

四、实验步骤

1. 0.1mol · L^{-1}NaOH 标准溶液的标定

用减量法准确称取基准物质邻苯二甲酸氢钾 0.4~0.5g 于 250mL 锥形瓶中，加水 20~30mL，微热使其溶解。待冷后，加酚酞指示剂 2 滴，用需标定的 NaOH 溶液滴定，当溶液呈现微红色于 30s 不褪色，即为终点，记下滴定所用 NaOH 的体积数。平行测定三份，用公式计算 NaOH 的摩尔浓度。

2. 0.1mol · L^{-1}HCl 标准溶液的标定

用减量法准确称取 0.12~0.15g 基准物质无水碳酸钠于 250mL 锥形瓶中，加水 20~30mL，微热使其溶解。待冷后，加甲基橙指示剂 1 滴，用需标定的 HCl 溶液滴定至橙色，加热煮沸赶去 CO_2，冷却后再用 HCl 溶液滴定至橙色不褪为终点，记下滴定所用 HCl 的体积数。平行测定三份，用公式计算 HCl 的摩尔浓度。

五、数据记录与处理

1. NaOH 标准溶液浓度的标定

序号 记录项目	1	2	3
第一次称量读数/g			
第二次称量读数/g			
W_{KHP}/g			
V_{NaOH}终读数/mL			
V_{NaOH}初读数/mL			
V_{NaOH}/mL			
C_{NaOH}/(mol · L^{-1})			
$\overline{C}_{NaOH}$/(mol · L^{-1})			
相对平均偏差			

2. HCl标准溶液浓度的标定

记录项目 \ 序号	1	2	3
第一次称量读数/g			
第二次称量读数/g			
$W_{Na_2CO_3}$/g			
V_{HCl}终读数/mL			
V_{HCl}初读数/mL			
V_{HCl}/mL			
$C_{HCl}/(mol \cdot L^{-1})$			
$\overline{C}_{HCl}/(mol \cdot L^{-1})$			
相对平均偏差			

注意事项

1. 邻苯二甲酸氢钾基准物质需在105~110℃下干燥2h，放干燥器皿中冷却备用。干燥时的温度如超过125℃时，易引起脱水变为邻苯二甲酸酐，将无法准确标定NaOH溶液浓度。

2. 称量时速度要快，防止吸潮，样品要尽量直接敲到锥形瓶底部，防止样品损失。

3. 基准物的溶解要完全，否则会影响测定准确度，室温低时可加热帮助溶解。

4. 酚酞的终点颜色为微红色，颜色太深，会使标定的浓度值偏低，影响后面测定的准确度。

六、思考题

1. 溶解基准物质$KHC_8H_4O_4$或Na_2CO_3所用水的体积的量度，是否需要准确？为什么？

2. 用于标定的锥形瓶，其内壁是否要预先干燥？为什么？

3. 邻苯二甲酸氢钾为基准物质标定0.2mol·L^{-1}NaOH标准溶液时，基准物称取量如何计算？

4. 用Na_2CO_3为基准物标定0.2mol·L^{-1}HCl标准溶液时，基准物称取量如何计算？

5. 用邻苯二甲酸氢钾为基准物标定NaOH溶液时，为什么用酚酞而不用甲基橙作指示剂？用Na_2CO_3为基准物标定HCl溶液时，为什么不用酚酞作指示剂？

6. 如基准物$KHC_8H_4O_4$中含有少量$H_2C_8H_4O_4$，对NaOH溶液标定结果有什么影响？

7. 用邻苯二甲酸氢钾标定NaOH浓度时，用酚酞作指示剂，为什么终点呈微红色于30s内不褪色才算终点？

8. 如果NaOH标准溶液在保存过程中吸收了空气中的CO_2，用该标准溶液滴定盐酸，以甲基橙为指示剂，用NaOH溶液原来的浓度进行计算会不会引入误差？若用酚酞作指示剂进行滴定，又怎样？

9. 标定NaOH溶液，可用$KHC_8H_4O_4$为基准物，也可用HCl标准溶液作标定。试比较两法的优缺点。

10. $Na_2C_2O_4$能否用作基准物来标定NaOH溶液？

附：数据记录及处理示例

记录项目 \ 序号	1	2	3
称量瓶+$KHC_8H_4O_4$重/g	17.5713	17.1638	14.7546
称量瓶+剩余 $KHC_8H_4O_4$重/g	17.1638	17.7546	14.3461
$KHC_8H_4O_4$重/g	0.4075	0.4092	0.4085
V_{NaOH}终读数/mL	20.11	20.16	20.10
V_{NaOH}初读数/mL	0.00	0.00	0.00
V_{NaOH}/mL	20.11	20.16	20.10
$C_{NaOH}/(mol \cdot L^{-1})$	0.09923	0.09940	0.09953
$\overline{C}_{NaOH}/(mol \cdot L^{-1})$	0.09939		
相对平均偏差	0.13%		

2.3 食用醋中酸含量的测定

一、实验目的

1. 进一步掌握滴定管、容量瓶、移液管的使用方法和滴定操作技术；

2. 了解强碱滴定弱酸过程中溶液 pH 值的变化，计算化学计量点的 pH 值并选择指示剂。

二、实验原理

食用醋的主要成分是醋酸(HAc)，此外还含有少量其他弱酸如乳酸等。醋酸为有机弱酸($K_a=1.8\times10^{-5}$)，凡是$K_a>10^{-7}$的弱酸，均可由 NaOH 滴定，其反应方程式为：

$$HAc+NaOH = NaAc+H_2O$$

反应产物为强碱弱酸盐，滴定突跃在碱性范围内，化学计量点的 pH 值约为 8.7，故可用酚酞等碱性范围内变色的指示剂。

滴定时，不仅 HAc 与 NaOH 反应，食用醋中可能存在其他各种形式的酸也与 NaOH 反应，所以滴定所得为总酸度，每 100mL 食用醋中酸的总量，以克 CH_3COOH 形式表示：

$$HAc(g \cdot 100mL^{-1}) = \frac{C_{NaOH}\times V_{NaOH}\times\frac{M_{HAc}}{1000}}{25\times\frac{25}{250}}\times100$$

$$M_{HAc}=60.05$$

食用醋中醋酸的质量分数较大，大约在 3%~5%，可适当稀释后再滴定。如果食用醋颜色较深时，可用中性活性炭脱色后滴定。

三、仪器与试剂

50mL 碱式滴定管；250mL 锥形瓶；250mL 容量瓶；25mL 移液管。

0. 1mol · L^{-1} NaOH 标准溶液；0. 1%酚酞指示剂；食用醋样品。

四、实验步骤

准确移取 25. 00mL 食用醋至 250mL 容量瓶中，加蒸馏水稀释到刻度，摇匀。准确移取 25. 00mL 上述食用醋稀释溶液于锥形瓶中，加 2 滴酚酞指示剂，用 0. 1mol · L^{-1} NaOH 标准溶液滴定至溶液呈微红色 30s 内不褪色即为终点。记下滴定所用 NaOH 标准溶液的体积数。平行测定三份，用公式计算食用醋的总酸量。

五、数据记录与处理

序号 记录项目	1	2	3
C_{NaOH}/(mol · L^{-1})			
HAc 取样量/mL	25. 00	25. 00	25. 00
V_{NaOH}终读数/mL			
V_{NaOH}初读数/mL			
V_{NaOH}/mL			
C_{HAc}/(g · 100mL^{-1})			
$\overline{C}_{HAc}$/(g · 100mL^{-1})			
相对平均偏差			

注意事项

1. 本次实验，移液操作是关键，直接影响测定的精密度和准确度，因此要注意规范和准确移取溶液。

2. 试液配好后必须摇匀，移取试液的移液管应用试液润洗三次。

3. 此滴定受空气中 CO_2影响，故滴定过程不宜时间太长，防止终点拖后。

4. 滴定至终点的溶液呈碱性，放置时容易吸收空气中 CO_2，溶液碱性逐渐减弱，致使酚酞红色褪去，因此滴定应以充分摇匀后溶液微红色在半分钟内不褪来判断终点。

六、思考题

1. 滴定时，如 NaOH 标准溶液滴入太多而超过终点，是否可以用盐酸回滴，回滴后结果如何计算？

2. 试样配制后，如未摇匀，对测定结果有何影响？

3. 配制试样前，容量瓶是否需要先用醋酸原样润洗？

4. 锥形瓶是否需要用试样润洗？

5. 草酸、酒石酸能否用 NaOH 标准溶液分别滴定？

草　酸　　$K_{a_1}=5.0\times10^{-2}$　　$K_{a_2}=6.4\times10^{-5}$

酒石酸　　$K_{a_1}=9.1\times10^{-4}$　　$K_{a_2}=4.3\times10^{-5}$

2.4 铵盐中含氮量的测定——甲醛法

一、实验目的

1. 学会铵盐(化肥)中含氮量的测定;
2. 学会用间接法来测定物质的含量;
3. 了解试剂与样品的前处理对测定结果准确度的影响的重要性。

二、实验原理

铵盐(除 NH_4HCO_3 外)中含氮量的测定通常采用甲醛法。由于 NH_4^+ 的酸性太弱($K_a = 5.6\times10^{-10}$),故无法用 NaOH 直接测定,但可用间接法进行测定。即使用 NH_4^+ 与甲醛作用,定量生成六次甲基四铵盐和 H^+,反应如下:

$$4NH_4^+ + 6HCHO \xlongequal{} (CH_2)_6N_4H^+ + 3H^+ + 6H_2O$$

所生成的六次甲基四铵盐和 H^+ 均可用 NaOH 标准溶液进行滴定,用酚酞指示剂确定滴定终点。计算公式如下:

$$N(\%) = \frac{C_{NaOH}\times V_{NaOH}\times\frac{N}{1000}}{W_{样品}}\times100\%$$

$$Ar(N) = 14.01$$

如试样中含有游离酸,加甲醛之前,应事先以甲基红为指示剂,用 NaOH 溶液中和滴定除去,以免影响测定结果。

三、仪器与试剂

电子天平(0.0001g);50mL 碱式滴定管;250mL 锥形瓶;100mL 烧杯;

$0.1mol\cdot L^{-1}$ NaOH 标准溶液;约 37% 甲醛溶液;

0.1% 甲基红指示剂;0.1% 酚酞指示剂。

四、实验步骤

1. 甲醛溶液的处理

甲醛中常会有微量酸,应事先除去。取约 37% 甲醛溶液于烧杯中,用水稀释一倍,加 4 滴酚酞指示剂,用 $0.1mol\cdot L^{-1}$ NaOH 滴定至呈淡红色(不计量)。

2. 铵盐中含氮量的测定

准确称取铵盐试样 0.13~0.15g 于 250mL 锥形瓶中,加 20~30mL 水溶解,加 1~2 滴甲基红指示剂,用 $0.1mol\cdot L^{-1}$ NaOH 中和(滴至溶液由红色到黄色)后,加入约 20% 甲醛溶液 10mL,充分摇匀,放置 2min。待反应完全后,加酚酞 1~2 滴,然后用 $0.1mol\cdot L^{-1}$ NaOH 标准溶液滴定至微红色即为终点,记下滴定所用 NaOH 标准溶液的体积数。平行测定三份,用公式计算试样中的含氮量。

五、数据记录与处理

记录项目 \ 序号	1	2	3
$C_{NaOH}/(mol \cdot L^{-1})$			
第一次称量读数/g			
第二次称量读数/g			
$W_{铵盐}$/g			
V_{NaOH}终读数/mL			
V_{NaOH}初读数/mL			
V_{NaOH}/mL			
N/%			
$\overline{N}$/%			
相对平均偏差			

注意事项

1. 铵盐样品容易吸潮，所以应该加快称量速度，减少称量误差。

2. 甲醛试剂有毒，应注意在通风柜中操作，并注意随时盖上瓶塞。

3. 甲醛试剂中常含有微量酸，使用前需以酚酞为指示剂，滴加 NaOH 进行中和，此滴加属于预处理，不用计量。

4. NH_4HCO_3与甲醛反应释放出的酸是极弱的碳酸($K_a < 10^{-8}$)，因此本法不能测定NH_4HCO_3的含氮量。

5. 样品加入甲醛后，必须放置 2min，使反应完全，再用标准溶液滴定。

六、思考题

1. 如果甲醛试剂和铵盐试样中所含的微量酸不事先中和除去，对结果将有何影响？
2. 铵盐试样中的游离酸事先用 NaOH 标准溶液滴定除去，能否采用酚酞作指示剂？
3. 本实验能否用甲基橙指示剂？

2.5　硼酸含量的测定

一、实验目的

1. 了解弱酸强化的基本原理；
2. 掌握硼酸含量测定的原理和方法。

二、实验原理

硼酸是一种极弱酸($K_a = 5.85 \times 10^{-10}$)，不能用 NaOH 标准溶液直接滴定。但是，硼酸能与一些多元醇，如甘露醇、甘油(丙三醇)发生络合反应生成稳定的络合物，从而增加硼酸在水溶液中的解离，使硼酸转变成为中强酸。

反应的方程式如下：

$$2\ \begin{array}{c}\mathrm{H}\\ |\\ \mathrm{R{-}C{-}OH}\\ |\\ \mathrm{R{-}C{-}OH}\\ |\\ \mathrm{H}\end{array} + \begin{array}{c}\mathrm{HO}\\ \quad\diagdown\\ \qquad\mathrm{B{-}OH}\\ \quad\diagup\\ \mathrm{HO}\end{array} = \mathrm{H}\left[\begin{array}{ccc}\begin{array}{c}\mathrm{H}\\ |\\ \mathrm{R{-}C{-}O}\\ |\\ \mathrm{R{-}C{-}O}\\ |\\ \mathrm{H}\end{array} & \mathrm{B} & \begin{array}{c}\mathrm{H}\\ |\\ \mathrm{R{-}C{-}O}\\ |\\ \mathrm{R{-}C{-}O}\\ |\\ \mathrm{H}\end{array}\end{array}\right] + 3H_2O$$

该络合物的酸性较强。例如，当加入较大量的甘露醇，则硼酸与其反应生成的络合酸的 $pK_a = 4.26$，就可以用 NaOH 标准溶液准确滴定，滴定时选用酚酞作指示剂。此络合酸在温度较高时不稳定，所以，滴定应在稍低温度下进行。

计算公式如下：

$$H_3BO_3(\%) = \frac{C_{NaOH} \times (V - V_0) \times \frac{M_{H_3BO_3}}{1000}}{W_{样品} \times \frac{1}{10}} \times 100\%$$

$$M_{H_3BO_3} = 61.83$$

三、仪器与试剂

电子天平（0.0001g）；50mL 碱式滴定管；250mL 容量瓶中；250mL 锥形瓶。硼酸试样；甘露醇（A.R）；0.1mol · L^{-1} NaOH 溶液；0.1% 酚酞指示剂；0.1% 甲基红指示剂。

四、实验步骤

准确称取 1.6g 硼酸试样，用少量水溶解，冷却后转移到 250mL 容量瓶中，稀释至刻度，摇匀。准确移取 25.00mL 试样溶液于 250mL 锥形瓶中，加入与试液等体积的蒸馏水，再加入 2.5~3g 的甘露醇，充分摇动使其溶解，加 2 滴酚酞指示剂，用 0.1mol · L^{-1} NaOH 标准溶液滴定至溶液呈微红色，记下滴定所用 NaOH 标准溶液的体积数，平行测定三份。

空白实验：取与上述相同质量的甘露醇，溶解在 50mL 蒸馏水中，加入 2 滴酚酞指示剂，用 0.1mol · L^{-1} NaOH 标准溶液滴定至溶液呈微红色，记下滴定所用 NaOH 标准溶液的体积数。平行测定三份，用公式计算试样中 H_3BO_3 的含量。

五、数据记录与处理

序号 / 记录项目	1	2	3
$C_{NaOH}/(mol \cdot L^{-1})$			
第一次称量读数/g			
第二次称量读数/g			
$W_{硼酸}$/g			
硼酸试样溶液	25mL	25mL	25mL
V_{NaOH}终读数/mL			
V_{NaOH}初读数/mL			
V_{NaOH}/mL			

续表

记录项目 \ 序号	1	2	3
V_{NaOH}(空)终读数/mL			
V_{NaOH}(空)初读数/mL			
V_{NaOH}(空白)/mL			
H_3BO_3/%			
$\overline{H_3BO_3}$/%			
相对平均偏差			

注意事项

1. 硼酸易溶于热水，所以硼酸试样需要加沸水溶解。

2. 为了防止硼酸-甘露醇生成的络合酸水解，溶液的体积不易过大。

3. 络合酸形成的反应是可逆反应，因此加入的甘露醇必须过量许多，以使所有的硼酸定量地转化为络合酸。

六、思考题

1. 为什么硼酸不能用标准碱直接滴定？

2. 什么叫空白实验？通过你的实验结果说明本实验进行空白实验的必要性。

3. 用 NaOH 滴定 HAc 和滴定 HAc 与 H_3BO_3的混合溶液中的 HAc，所消耗的体积是否相同？为什么？

2.6　果品中总酸度的测定

一、实验目的

1. 学会水果样品的预处理方法；

2. 学习水果中有机酸含量的测定方法。

二、实验原理

水果和蔬菜中的有机酸通称为果酸。果酸能促进食欲、帮助消化、益于健康。水果中富含的有机酸，主要有乙酸、柠檬酸、苹果酸、酒石酸等，它们的结构简式、离解常数及相对应的相对分子质量如下：

1. 乙酸 CH_3COOH，$K_a = 1.8\times10^{-5}$，$M = 60$

2. 柠檬酸 $(CH_2COOH)_2COHCOOH$，$K_{a1} = 7.4\times10^{-4}$，$K_{a2} = 1.7\times10^{-5}$，$K_{a3} = 4.0\times10^{-7}$，$M=192$；

3. 苹果酸 $HOOCCHOHCH_2COOH$，$K_{a1} = 4.0\times10^{-4}$，$K_{a2} = 8.9\times10^{-6}$，$M = 144$；

4. 酒石酸 $[CH(OH)COOH]_2$，$K_{a1} = 9.1\times10^{-4}$，$K_{a2} = 4.3\times10^{-5}$，$M = 150$；

5. 琥珀酸　$HOOCCH_2CH_2COOH$，$K_{a1} = 6.2\times10^{-5}$，$K_{a2} = 2.3\times10^{-6}$，$M = 118$；

6. 草酸　$(COOH)_2$，$K_{a1} = 5.9\times10^{-2}$，$K_{a2} = 6.4\times10^{-5}$，$M = 90$。

从以上有机酸的解离常数可以知道，这些有机酸可以用 NaOH 标准溶液准确滴定，滴定时以酚酞为指示剂。

由于果品中的酸值较低，故应对所用去离子水做空白实验，以扣除影响。

用以下公式计算果品中所含有机酸的含量：

$$果酸(\%)=\frac{C_{NaOH}(V-V_0)\frac{K}{1000}}{W_{样品}\times\frac{1}{10}}\times 100\%$$

式中　K——有机酸基本单元的式量，乙酸取值 60；柠檬酸取值 64；苹果酸取值 72；酒石酸取值 75；琥珀酸取值 59；草酸取值 45。

三、仪器与试剂

电子天平(0.0001g)；烧杯；250mL 容量瓶；过滤装置；粉碎机；

25mL 移液管；50mL 碱式滴定管；250mL 锥形瓶；

0.05mol·L^{-1} NaOH 溶液；0.1%酚酞指示剂；水果样品。

四、实验步骤

将水果洗净擦干，用粉碎机粉碎成糊状。快速准确称取制成糊状的果肉约 20g 于洁净干燥的小烧杯中，用适量的去离子水定量地将果品样全部转移入 250mL 容量瓶中，定容，摇匀。将溶液用干滤纸(或玻璃纤维、脱脂棉)过滤至另一洁净干燥的烧杯中(弃去最初的约 5mL)。移取 25.00mL 滤液于锥形瓶中，加 1~2 滴酚酞指示剂，以 0.05mol·L^{-1} NaOH 标准溶液滴定至溶液呈粉红色且 30s 内不褪色为终点，记下滴定所用 NaOH 标准溶液的体积数(V)，平行测定三份。

空白实验：另移取 25.00mL 去离子水，加 1~2 滴酚酞指示剂，以 0.05mol·L^{-1} NaOH 标准溶液滴定至终点，记下滴定所用 NaOH 标准溶液的体积数(V_0)。平行测定三份。用公式计算所测果品中的果酸含量。

五、数据记录与处理

记录项目 \ 序号	1	2	3
第一次称量读数/g			
第二次称量读数/g			
$W_{果肉}$/g			
C_{NaOH}/(mol·L^{-1})			
V_{NaOH}终读数/mL			
V_{NaOH}初读数/mL			
V_{NaOH}/mL			
V_{NaOH}(空)终读数/mL			
V_{NaOH}(空)初读数/mL			
V_{NaOH}(空白)/mL			
果酸/%			
$\overline{果酸}$/%			
相对平均偏差			

注意事项

1. 果品中果酸含量较低且易挥发，故取样称量时动作要快。
2. 若滴定时体积数太小，可增加取样量。

六、思考题

1. 做空白实验的目的是什么？
2. 测定时，用什么仪器称取果品试样？
3. 本测定中，将样品残渣也一起进行定容，对结果有无影响？

2.7 工业碱中 NaOH 和 Na_2CO_3 含量的测定——双指示剂法

一、实验目的

1. 了解双指示剂法测定碱液中 NaOH 和 Na_2CO_3 含量的原理；
2. 学会复杂情况下终点颜色的判断。

二、实验原理

氢氧化钠俗称烧碱，在生产和贮藏过程中很容易吸收空气中的 CO_2，从而有部分氢氧化钠被转化成 Na_2CO_3，因此，经常需要对烧碱进行 NaOH 和 Na_2CO_3 的含量测定。常用的测定方法是“双指示剂法”，即在同一份试液中用一种标准溶液来滴定，滴定过程中分别采用两种不同的指示剂确定终点。此法方便、快速，在生产中应用普遍。

常用的两种指示剂是酚酞和甲基橙。在试液中先加酚酞，用 HCl 标准溶液滴定至红色刚刚褪去，此为第一终点。由于酚酞的变色范围在 pH 8～10，此时不仅 NaOH 被完全中和，Na_2CO_3 也被滴定成 $NaHCO_3$。再加入甲基橙指示剂，用 HCl 标准溶液继续滴定至橙色时为第二终点，此时仅有 $NaHCO_3$ 被滴定成 H_2CO_3。根据反应的计量关系，得出如下计算公式：

$$Na_2CO_3(\%) = \frac{C_{HCl} \times (2V_2)_{HCl} \times \frac{1}{2} \times M_{Na_2CO_3}}{m_{样品}} \times 100\%$$

$$M_{Na_2CO_3} = 106.0$$

$$NaOH(\%) = \frac{C_{HCl}\ (V_1 - V_2)_{HCl} \times M_{NaOH}}{m_{样品}} \times 100\%$$

$$M_{NaOH} = 40.01$$

式中　$V_2 = V_{终} - V_1$（$V_{终}$为二次滴定的最后读数）

也可先将样品制备成液体再测定。

三、仪器与试剂

电子天平（0.0001g）；50mL 酸式滴定管；250mL 锥形瓶。

$0.1mol \cdot L^{-1}$ HCl 标准溶液；0.1% 甲基橙指示剂；0.1% 酚酞指示剂。

四、实验步骤

准确称取混合碱试样 0.2～0.3g，用 25mL 水溶解，加酚酞指示剂 1～2 滴，用 $0.1mol \cdot L^{-1}$ HCl 标准溶液滴定，边滴加边充分摇动，以免局部 Na_2CO_3 被滴定成 H_2CO_3。滴定至酚酞变为微红色为止，此时即为第一终点，记下滴定所用 HCl 标准溶液的体积数 V_1。然后再加 2 滴甲基橙指示剂，此时溶液呈黄色，继续用 $0.1mol \cdot L^{-1}$ HCl 标准溶液滴定至溶液呈橙色，剧烈摇动使生成的 H_2CO_3 分解，继续滴定至溶液变为橙色时即为第二终点，记下滴定所用 HCl 标准溶液的体积数 $V_{终}$，平行测定三份，用公式计算 NaOH 和 Na_2CO_3 的含量。

五、数据记录与处理

记录项目 \ 序号	1	2	3
混合碱液	25.00mL	25.00mL	25.00mL
$C_{HCl}/(mol \cdot L^{-1})$			
V_{HCl} 终读数/mL			
V_{HCl} 初读数/mL			
$V_{1(HCl)}$/mL			
$V_{终HCl}$/mL			
$V_2 = V_{终} - V_1$/mL			
$V_1 - V_2$/mL			
$C_{Na_2CO_3}$/%			
$\overline{C}_{Na_2CO_3}$/%			
相对平均偏差			
C_{NaOH}/%			
$\overline{C}_{NaOH}$/%			
相对平均偏差			

注意事项

1. 双指示剂法的传统指示剂是先用酚酞，后用甲基橙。由于酚酞变色不很敏锐，人眼观察此变化的灵敏性较差，因此也常用甲酚红-百里酚蓝混合指示剂。该指示剂变色点 pH 为 8.3，酸色为黄色，碱色为紫色。pH 8.3 时为清晰的紫色，变色敏锐。用 HCl 标准溶液滴定至溶液由紫色变为粉红色，即为终点。也可以配制一个参比溶液：同浓度的 $NaHCO_3$ 溶液，加 2 滴酚酞指示剂，为防止 CO_2 的影响，可用碘量瓶配制。

2. 滴定速度宜慢，临近终点时要滴一滴后充分摇匀至颜色稳定后再加第二滴。否则，会因颜色变化较慢而容易过量。

3. 第二终点时，也可加热溶液，使其保持微沸 2min，分解生成的碳酸，然后冷却后继续滴定至橙色为终点。

六、思考题

1. 如欲测定碱液中的总碱量，应采用何种指示剂？试拟出测定步骤。

2. 若混合碱组成为Na_2CO_3和$NaHCO_3$，则该如何测定？

3. 双指示剂法测定混合碱时，若在到达第一化学计量点前，由于滴定速度太快，摇动不均匀，致使滴入的HCl局部过浓，引起部分$NaHCO_3$迅速反应生成H_2CO_3而分解为CO_2逸出。问这种情况对分析结果有何影响？

第3章 络合滴定

3.1 EDTA 标准溶液的配制和标定

一、实验目的

1. 学习 EDTA 标准溶液的配制和标定方法；
2. 掌握络合滴定的原理，了解络合滴定的特点；
3. 掌握金属指示剂的作用原理；
4. 熟悉 K-B 指示剂的使用条件和终点颜色的变化。

二、实验原理

由于络合剂 EDTA 可以与绝大多数的金属离子形成稳定的络合物，所以 EDTA 标准溶液是络合滴定中最常用的滴定剂。乙二胺四乙酸(简称 EDTA，常用 H_4Y 表示)难溶于水，常温下其溶解度为 0.2g · L^{-1}(约 0.0007mol · L^{-1})，不能配制滴定用的标准溶液，故在分析中通常使用其二钠盐配制标准溶液。乙二胺四乙酸二钠盐的溶解度为 11.1g · L^{-1}，可配成 0.3mol · L^{-1} 以上的溶液，其水溶液的 pH=4.4，通常采用间接法配制标准溶液。

标定 EDTA 常用的基准物有 Zn、ZnO、$CaCO_3$ 等，通常选用其中与被测物组分相同的物质作基准物，这样滴定条件一致，可减少误差。本实验采用纯金属锌为基准物，在 pH 8~10 的溶液中，以 K-B 为指示剂来确定滴定的终点。在 pH 8~10 的溶液中，K-B 指示剂本身显蓝色，与锌离子的络合物呈紫红色。EDTA 与 Zn^{2+} 离子形成更稳定的络合物，因此用 EDTA 溶液滴定至近终点时，K-B 指示剂被游离了出来，溶液由紫红色变为蓝色。

由于反应的络合比为 1∶1，计量关系简单。计算公式如下：

$$C_{EDTA} = \frac{W_{Zn} \times \frac{1}{10} \times 1000}{V_{EDTA} \times Ar_{Zn}}$$

$$Ar_{Zn} = 65.38$$

三、仪器与试剂

台秤(0.1g)；电子天平(0.0001g)；100mL 烧杯、250mL 烧杯；

50mL 酸式滴定管；250mL 锥形瓶；250mL 容量瓶；25mL 移液管。

1∶1 HCl；1∶1 氨水。

K-B 指示剂：取酸性铬蓝 K 0.2g，萘酚绿 B 0.42~0.45g，加水溶解并稀释至 100mL 。

NH_3-NH_4Cl 缓冲溶液(pH=9.50)：取 67g 固体 NH_4Cl，溶于少量水中，再加入 150mL 浓氨水，用水稀释至 1L。

纯金属锌：(含锌 99.9%以上)新制备纯锌可直接使用，如时间较长，可用0.1mol · L^{-1}

HCl 溶液洗去表面的氧化物，然后用蒸馏水、丙酮洗净，于 100℃ 烘数分钟即可。

四、实验步骤

1. 0.02mol · L^{-1} EDTA 标准溶液配制

称取 3.7g 乙二胺四乙酸二钠盐（$Na_2H_2Y \cdot 2H_2O$）于 250mL 烧杯中，用少量水溶解后，转移入试剂瓶中，稀释至 500mL，摇匀。

2. 锌标准溶液的配制

准确称取纯金属锌 0.3~0.4g 于 100mL 小烧杯中，加入 10mL 1∶1HCl，待金属锌全部溶解完全后，将溶液定量转移入 250mL 容量瓶中，稀释至刻度并摇匀备用。

3. EDTA 标准溶液的标定

准确移取锌标准溶液 25.00mL 于 250mL 锥形瓶中，滴加 1∶1 氨水至溶液有白色沉淀产生，加入氨性缓冲溶液 5mL，K-B 指示剂 2~3 滴，用 EDTA 标准溶液滴定至溶液由紫红色变为蓝色即为终点，记下滴定所用 EDTA 标准溶液的体积数。平行测定三份，用公式计算 EDTA 的浓度。

五、数据记录与处理：

序号 记录项目	1	2	3
锌粒+称量纸（读数）/g			
称量纸读数/g			
W_{Zn}/g			
V_{EDTA}终读数/mL			
V_{EDTA}初读数/mL			
V_{EDTA}/mL			
C_{EDTA}/(mol · L^{-1})			
$\overline{C}_{EDTA}$/(mol · L^{-1})			
相对平均偏差			

注意事项

1. EDTA 若用于测定 Bi^{3+}、Pb^{2+}离子，则宜于用 ZnO 或纯金属锌为基准物，以二甲酚橙为指示剂，在 pH 5~6 溶液中滴定，缓冲溶液用六次甲基四胺，终点由紫红色变为黄色。

2. EDTA 若用于测定石灰石或白云石中的含量，则宜于用 $CaCO_3$为基准物，指示剂可用 K-B 指示剂，用氨性缓冲溶液控制酸度，终点由紫红色变为蓝色，也可用钙指示剂，用 NaOH 调节溶液 pH 大于 12，终点由酒红色变为纯蓝色。

3. K-B 指示剂为酸性铬蓝 K 与萘酚绿 B 混合而成的指示剂。在 pH 8~13 时，酸性铬蓝 K 的游离色为蓝色，与 Ca^{2+}、Mg^{2+}、Zn^{2+}等形成红色螯合物，它对 Ca^{2+}的灵敏度较铬黑 T 高。

混合指示剂中的萘酚绿 B 在滴定过程中没有颜色变化，只起衬托终点颜色的作用。K-B 指示剂可用于测定 Ca^{2+}、Mg^{2+}总量，也可以用于单独测定 Ca^{2+}量，使用方便。

4. 络合反应进行的速度较慢，故滴定时加入 EDTA 溶液的速度不能太快，在室温低时，更要注意。特别是近终点时，应逐滴加入，并充分振摇。

5. 络合滴定中，加入指示剂的量是否适当对于终点的观察十分重要，宜在实践中总结经验，加以掌握。

六、思考题

1. 为什么通常使用乙二胺四乙酸二钠盐配制 EDTA 标准溶液，而不用乙二胺四乙酸？

2. 以 HCl 溶液溶解 $CaCO_3$基准物时，操作中应注意什么？

3. 以 $CaCO_3$为基准物标定 EDTA 溶液时，若用铬黑 T 作指示剂，需加入镁溶液，为什么？

4. 以 $CaCO_3$为基准物，钙指示剂为指示剂标定 EDTA 溶液浓度时，溶液的 pH 值应控制在什么范围？若溶液为强酸性，应如何调节？

5. 以 ZnO 为基准物，二甲酚橙为指示剂标定 EDTA 溶液浓度的原理是什么？溶液的酸度应控制在什么范围？为什么？应怎样控制？

3.2　自来水总硬度的测定

一、实验目的

1. 了解水的硬度的测定意义和常用的硬度表示方法；

2. 掌握 EDTA 法测定水的硬度的原理和方法；

3. 掌握铬黑 T 指示剂的使用条件和终点颜色的变化。

二、实验原理

水的总硬度指水中钙、镁离子的总量。其中包括碳酸盐硬度(即通过加热能以碳酸盐形式沉淀下来的钙、镁离子，故又叫暂时硬度)和非碳酸盐硬度(即加热后不能沉淀下来的那部分钙、镁离子，如钙镁的氯化物、硫酸盐、硝酸盐等，又称永久硬度)。硬水不适宜于工业使用，如锅炉里使用了硬水，经过长期烧煮后，能形成锅垢，既浪费资源，又易阻塞管道，造成重大事故。

测定水的硬度，一般采用络合滴定法，用 EDTA 标准溶液直接滴定水中 Ca^{2+}、Mg^{2+}的总量，然后换算为相应的硬度单位。

用 EDTA 滴定 Ca^{2+}、Mg^{2+}总量时，一般是在 pH = 10 的氨性缓冲溶液中进行。用铬黑 T 作指示剂，计量点前，Ca^{2+}、Mg^{2+}和铬黑 T 形成紫色络合物，当用 EDTA 溶液滴定至计量点时，游离出指示剂，溶液呈纯蓝色。

由于铬黑 T 和 Mg^{2+}显色的灵敏度高，与 Ca^{2+}显色的灵敏度低，所以当试样中 Mg^{2+}的含量较低时，用铬黑 T 作指示剂往往得不到敏锐的终点，这时可在 EDTA 标准溶液中加入适量 Mg^{2+}(滴定前加入 Mg^{2+}，对终点没有影响)，或者在缓冲溶液中加入一定量的 Mg-EDTA 盐，利用置换滴定法原理来提高终点变色的敏锐性，也可以采用 K-B 指示剂，此时终点的颜色由紫红色变为蓝色。

测定时，Fe^{3+}、Al^{3+}是干扰离子，用三乙醇胺掩蔽，Cu^{2+}、Pb^{2+}、Zn^{2+}等重金属离子则可以用 KCN、Na_2S 或巯基乙酸等掩蔽。

各国对水的硬度的表示方法不同。目前我国采用两种表示方法：一种以度(°)计，1 硬度单位表示10万份水中含1份CaO，可见1°=10 μg·mL^{-1} CaO。另一种以CaO的mmol·L^{-1}计，表示1 L中所含CaO的毫摩尔数。用EDTA滴定时，1mol EDTA相当于1mol CaO，故：CaO(mmol) = $C_{EDTA} \times V_{EDTA}$

$$总硬度(mmol \cdot L^{-1}) = \frac{C_{EDTA} V_{EDTA}}{V_{H_2O}} \times 1000$$

三、仪器与试剂

台秤(0.1g)；电子天平(0.0001g)；50mL酸式滴定管；250mL锥形瓶；250mL容量瓶；100mL容量瓶；25mL移液管；50mL移液管。

20%三乙醇胺溶液；1∶1 HCl溶液；2% Na_2S溶液。

氨性缓冲溶液(pH≈10)的配制：称取20g NH_4Cl，溶解于水，加100mL浓氨水，加Mg-EDTA盐，用水稀释至1L。

Mg-EDTA溶液的配制：称取0.25g $MgCl_2 \cdot 6H_2O$于100mL烧杯中，加少量水溶解后转入100mL容量瓶中，加水稀释至刻度，摇匀。用干燥清洁的移液管吸取50.00mL此Mg^{2+}溶液，加6mL pH≈10的氨性缓冲溶液，4~5滴铬黑T指示剂，用0.02mol·L^{-1} EDTA滴定至溶液由紫红色变为蓝色即为终点。取此同量的EDTA溶液加入容量瓶中剩余的镁溶液中，即成Mg-EDTA盐，将此溶液全部倾入上述缓冲溶液中。

铬黑T指示剂(0.5 %)：溶于三乙醇胺-无水乙醇。称取0.5g铬黑T，溶于含有25mL三乙醇胺的75mL无水乙醇溶液中，低温保存，有效期约100天。

四、实验步骤

取适量体积的水样(一般取50~100mL)，置于250mL锥形瓶中，加入1~2滴1∶1 HCl使之酸化(用刚果红试纸检验)，煮沸数分钟，以除去CO_2，冷却后，加入5mL氨性缓冲溶液，1mL Na_2S溶液，2~3滴铬黑T指示剂，用EDTA标准溶液滴定至溶液由紫红色变为蓝色即为终点。记下滴定所用EDTA标准溶液的体积数。平行测定三份，用公式计算水的总硬度。

五、数据记录与处理

序号 记录项目	1	2	3
C_{EDTA}/(mol·L^{-1})			
水样取样量	50.00mL	50.00mL	50.00mL
V_{EDTA}终读数/mL			
V_{EDTA}初读数/mL			
V_{EDTA}/mL			
$C_{总硬度}$/(mmol·L^{-1})			
$\overline{C}_{总硬度}$/(mmol·L^{-1})			
相对平均偏差			

注意事项

1. 测Ca^{2+}、Mg^{2+}含量时，若水样中Mg^{2+}含量较高，加入NaOH后，产生$Mg(OH)_2$沉

淀，因其吸附指示剂而使结果偏低或终点不明显，可将溶液稀释后测定。

2. 滴定至接近终点时，要慢滴多摇，以免超过终点或返红。

3. 如果水样中 HCO_3^-、H_2CO_3 的含量较高时，会影响终点变色观察，可加 1～2 滴 6mol·L^{-1} HCl，使水样酸化，加热煮沸除去 CO_2。

六、思考题

1. 什么叫水的硬度？水的硬度单位有哪几种表示方法？
2. 滴定水中 Ca^{2+}、Mg^{2+} 时为什么常加入少量的 Mg-EDTA 溶液？它对测定有没有影响？

附：软硬水的区分标准

总硬度	0°～4°	4°～8°	8°～16°	16°～30°	30°以上
水　质	很软水	软水	中等软水	硬水	很硬水

3.3 铅铋混合液中 Pb^{2+}、Bi^{3+} 的连续测定

一、目的要求

1. 掌握酸度对 EDTA 络合物稳定性的影响；
2. 掌握利用控制酸度对混合物中个别金属离子进行选择性滴定的方法；
3. 掌握二甲酚橙指示剂使用的 pH 条件和终点颜色的判断。

二、实验原理

混合离子的选择性滴定常用控制酸度法、掩蔽法进行，可根据有关副反应系数对络合物稳定性的影响，论证对它们分别滴定的可能性，从而选用相应的选择性滴定方法。

Pb^{2+}、Bi^{3+} 均能与 EDTA 形成稳定的 1∶1 络合物，其 $\lg K$ 值分别为 18.04 和 27.94。由于两者的 $\lg K$ 相差很大，故可利用酸效应，通过控制酸度的方法，进行分别滴定。在 pH≈1 时滴定 Bi^{3+}，以二甲酚橙为指示剂，Bi^{3+} 与指示剂形成紫红色络合物（Pb^{2+} 在此条件下不会与二甲酚橙形成有色络合物），用 EDTA 标准溶液滴定 Bi^{3+}，当溶液由紫红色恰变为黄色，即为滴定 Bi^{3+} 的终点。将滴定 Bi^{3+} 后的溶液调节其 pH≈5～6（可先用 1∶1 氨水预调，再用六亚甲基四胺溶液微调，再过量部分六亚甲基四胺溶液使其起到缓冲溶液的作用），此时 Pb^{2+} 与二甲酚橙形成紫红色络合物，溶液再次呈现紫红色，然后用 EDTA 标准溶液继续滴定，当溶液由紫红色恰变为黄色时，即为滴定 Pb^{2+} 的终点。计算公式如下：

$$\mathrm{Bi}(\mathrm{mg}\cdot\mathrm{mL}^{-1})=\frac{C_{\mathrm{EDTA}}\times V_{1(\mathrm{EDTA})}\times Ar_{\mathrm{Bi}}}{25}$$

$$Ar_{\mathrm{Bi}}=209.0$$

$$\mathrm{Pb}(\mathrm{mg}\cdot\mathrm{mL}^{-1})=\frac{C_{\mathrm{EDTA}}\times(V_2-V_1)_{\mathrm{EDTA}}\times Ar_{\mathrm{Pb}}}{25}$$

$$Ar_{\mathrm{Pb}}=207.2$$

三、仪器与试剂

25mL 移液管；250mL 锥形瓶；50mL 酸式滴定管；

20 %六亚甲基四胺；1∶1 HCl；1∶1 氨水；0.2 % 二甲酚橙指示剂；

0.02mol·L^{-1} EDTA 标准溶液。

四、实验步骤

准确移取 25.00mL 铅、铋混合溶液于 250mL 锥形瓶中，调整溶液的 pH≈1.0（可用 1∶1 $NH_3 \cdot H_2O$ 和 1∶1 HNO_3调整），然后再加入 3 滴 0.2 %二甲酚橙指示剂，用 EDTA 标准溶液滴定至溶液由紫红色变为亮黄色即为终点。记下滴定所用 EDTA 标准溶液的体积数 V_1。

在滴定 Bi^{3+}后的溶液中先滴加 1∶1 $NH_3 \cdot H_2O$，使溶液由黄色转变为橙色，然后再加入 20 % 六亚甲基四胺至溶液呈现稳定的紫红色后，再过量 5mL，此时，溶液的 pH 约为 5~6，继续再以 0.02mol·L^{-1} EDTA 标准溶液滴定至溶液由紫红色变为亮黄色即为终点。记下此时滴定管中 EDTA 标准溶液的体积数 V_2。平行测定三份，根据滴定结果，计算混合液中 Bi^{3+}、Pb^{2+}的含量（mg·mL^{-1}）。

五、数据记录与处理

记录项目 \ 序号	1	2	3
C_{EDTA}/(mol·L^{-1})			
混合液取样量	25.00mL	25.00mL	25.00mL
$V_{2(EDTA)}$读数/mL			
$V_{1(EDTA)}$读数/mL			
V_{EDTA}初读数/mL			
$(V_2-V_1)_{EDTA}$/mL			
Bi^{3+}/(mg·mL^{-1})			
$\overline{Bi}^{3+}$/(mg·mL^{-1})			
相对平均偏差			
Pb^{2+}/(mg·mL^{-1})			
$\overline{Pb}^{2+}$/(mg·mL^{-1})			
相对平均偏差			

注意事项

1. 本实验为连续滴定法，要求每一份样品连续做两次测定，不能三份样品都先做 Bi^{3+}的测定，再做 Pb^{2+}的测定。

2. 由于二甲酚橙指示剂在滴定中过渡色不太明显，特别要注意近终点时滴定剂的加入速度要慢，甚至要半滴滴加，并随时注意剧烈摇动，使置换反应快速进行。

3. 第一终点时的黄色并非亮黄色，故判断终点时要注意区别。

4. 溶液中加入六亚甲基四胺的作用是缓冲溶液，能使溶液的酸度稳定在 pH 5 ~ 6 范围内。

六、思考题

1. 为什么用 EDTA 滴定 Bi^{3+}时，pH 要控制为 1？为什么滴定 Pb^{2+}时，pH 又要控制在 5~6左右？如何控制？

2. 如果滴定第一终点过头，对结果将有何影响？

3. 本实验中，能否先在 pH = 5~6 的溶液中测定 Pb^{2+}、Bi^{3+} 的总量，然后再调整溶液 pH≈1 时测定 Bi^{3+} 的含量，由此计算 Pb^{2+} 的含量？

3.4 白云石中钙、镁含量的测定

一、实验目的

1. 掌握矿物岩石试样的分析方法和溶液 pH 值的调节；
2. 掌握络合滴定法测定钙、镁含量的方法原理；
3. 掌握 K-B 指示剂和钙指示剂的应用条件和终点判断。

二、实验原理

白云石是一种碳酸盐岩石，主要成分为碳酸钙、镁[$CaMg(CO_3)_2$]，并含有少量 Fe、Al、Si 等杂质，成分较简单，故通常可以不经分离直接进行滴定。

试样以盐酸溶解后，调节溶液的 pH≈10，用 EDTA 滴定 Ca^{2+}、Mg^{2+} 总量，滴定时用 K-B指示剂，溶液由紫红色变为蓝色即为终点。

另取一份试液，调节溶液 pH>12，此时 Mg^{2+} 生成 $Mg(OH)_2$ 沉淀，故可用 EDTA 单独滴定 Ca^{2+}，若用 K-B 指示剂，滴定钙时终点不敏锐，易使结果偏高；因此，此时采用钙指示剂 NN 为指示剂，其滴定终点十分敏锐，终点时溶液由紫红色变为蓝色即可。由于白云石中 Mg^{2+} 含量较高，形成大量的 $Mg(OH)_2$ 沉淀，吸附 Ca^{2+}，从而使钙的结果偏低，Mg^{2+} 的结果偏高，如在溶液中加入淀粉-甘油、阿拉伯树胶或糊精等保护胶，可基本消除吸附现象，其中以糊精效果为好。

滴定时，试液中 Fe^{3+}、Al^{3+} 等的干扰可用三乙醇胺掩蔽。

计算公式如下：

$$CaO(\%) = \frac{C_{EDTA} \times V_{2(EDTA)} \times \frac{M_{CaO}}{1000}}{W_{试样} \times \frac{1}{10}} \times 100\%$$

$$M_{CaO} = 56.08$$

$$MgO(\%) = \frac{C_{EDTA} \times (V_1 - V_2)_{EDTA} \times \frac{M_{MgO}}{1000}}{W_{试样} \times \frac{1}{10}} \times 100\%$$

$$M_{MgO} = 40.30$$

三、仪器与试剂

电子天平(0.0001g)；100mL、250mL 烧杯；250mL 容量瓶；25mL 移液管；250mL 锥形瓶；50mL 碱式滴定管。

1∶1 HCl；1∶1 氨水；10 % NaOH 溶液；1∶1 三乙醇胺；0.1 % 孔雀绿溶液；

NH_3-NH_4Cl 缓冲溶液(pH≈10)。

5 %糊精液：将 5g 糊精溶解于 100mL 沸水中，稍冷，加入 5mL 10 % NaOH 溶液，搅拌均匀，加入 3~5 滴 K-B 指示剂，用 EDTA 溶液滴定至溶液呈蓝色。临用时配制，久置后易变质。

K-B 指示剂：取酸性铬蓝 K 0. 2g，萘酚绿 B 0. 42~0. 45g，加水溶解并稀释至 100mL。

钙指示剂(NN)：m(NN)：m(NaCl) = 1：100，研磨均匀。

四、实验步骤

准确称取 0. 4~0. 5g 白云石试样，置于烧杯中，加少量水润湿，盖上表面皿，沿烧杯嘴慢慢加入 12mL 1：1 的 HCl 溶液，期间轻轻摇动，待 CO_2 气泡停止发生后，用小火加热并微沸 3min，使试样完全溶解。冷却后将溶解试样完全转入 250mL 容量瓶中，用水稀释至刻度，摇匀。

准确移取 25. 00mL 试液于 250mL 锥形瓶中，(加 20 ~ 30mL 水)加 2mL 1：1 三乙醇胺摇匀，加入 10mL pH≈10 的氨性缓冲溶液，2~3 滴 K-B 指示剂，用 EDTA 标准溶液滴定至溶液由红色变为蓝色即为终点，所测定为 Ca^{2+}、Mg^{2+} 含量，记下滴定所消耗 EDTA 标准溶液的体积数 V_1，平行测定三份。

另取一份 25. 00mL 试液于 250mL 锥形瓶中，加入 20~30mL 5% 的糊精溶液，2mL 1：1 三乙醇胺，再加 0. 1 % 孔雀绿溶液 1~2 滴，在摇动下滴加 10 % NaOH 溶液至溶液的绿色刚好消失为止(此时溶液的 pH 值即在 13 左右)。加适量的固体钙指示剂，用 EDTA 标准溶液滴定至溶液由紫红色变为蓝色即为终点。此时所测为 Ca^{2+} 的含量。记下滴定消耗 EDTA 的体积数为 V_2，平行测定三份。

根据 V_1、V_2 值及 EDTA 溶液的浓度，求出试样中 MgO 及 CaO 的含量。

五、数据记录与处理

序号 记录项目	1	2	3
C_{EDTA}/(mol·L^{-1})			
W_1 初读数/g			
W_2 末读数/g			
$W_{白云石}$/g			
$V_{1(EDTA)}$ 终读数/mL			
$V_{1(EDTA)}$ 初读数/mL			
$V_{1(EDTA)}$/mL			
$V_{2(EDTA)}$ 终读数/mL			
$V_{2(EDTA)}$ 初读数/mL			
$V_{2(EDTA)}$/mL			
CaO/%			
$\overline{CaO}$/%			
相对平均偏差			
MgO/%			
$\overline{MgO}$/%			
相对平均偏差			

注意事项

1. 如试样用酸溶解不完全，则残渣可用 Na_2CO_3 溶融，再用酸浸取，浸取液和试液合并。在一般分析工作中，残渣作为酸不溶物处理，可不必加以考虑。

2. 三乙醇胺掩蔽 Fe^{3+}、Al^{3+} 时，必须在酸性溶液中加入，然后再将溶液调节至 $pH=10$。

六、思考题

1. 络合滴定法为什么需加入缓冲溶液？本实验测定 Ca^{2+}、Mg^{2+} 时为什么要使用两种缓冲溶液？

2. 在测定 Ca^{2+}、Mg^{2+} 时，EDTA 标准溶液的标定，选用何种基准物质标定最好？

3. 为什么掩蔽 Fe^{3+}、Al^{3+} 时要在酸性溶液中加入三乙醇胺？

4. 钙是构成人体骨骼、参与新陈代谢最活跃的元素之一。缺钙可导致儿童佝偻病、青少年发育迟缓、孕妇高血压、老年骨质疏松症等疾病。请问，如何采用络合滴定法测定钙制剂中的钙含量？

第4章 氧化还原滴定

4.1 铁矿中全铁含量的测定——无汞法

一、目的要求

1. 学习铁矿石试样的溶解和氧化还原法测定前的预处理方法；
2. 学会用基准物质直接配制标准溶液的方法；
3. 掌握重铬酸钾法测定铁矿石中铁含量的原理和方法。

二、实验原理

铁矿石的种类很多，用来炼铁的矿物主要有磁铁矿(Fe_3O_4)、赤铁矿(Fe_2O_3)和菱铁矿($FeCO_3$)等。铁矿中全铁量测定的标准方法是重铬酸钾法。

矿样用硫磷混酸溶解，然后首先用$SnCl_2$还原大部分的Fe^{3+}，继而再用$TiCl_3$定量还原剩余部分的Fe^{3+}。

$$2Fe^{3+} + SnCl_4^{2-} + 2Cl^- = 2Fe^{2+} + SnCl_6^{2-}$$

$$Fe^{3+} + Ti^{3+} + H_2O = Fe^{2+} + TiO^{2+} + 2H^+$$

当Fe^{3+}定量还原为Fe^{2+}之后，过量一滴$TiCl_3$溶液，即可使溶液中作为指示剂的六价钨化合物(钨酸钠)被还原为蓝色的五价钨化合物，俗称“钨蓝”，故溶液呈蓝色。此时可滴入$K_2Cr_2O_7$溶液使钨蓝刚好褪色，或被水中溶解的氧气氧化，从而消除少量的还原剂的影响。

定量还原Fe^{3+}时，不能单用$SnCl_2$，因为在此酸度下$SnCl_2$不能还原W^{6+}为W^{5+}，故溶液没有明显的颜色变化，无法准确控制用量，而且过量的$SnCl_2$没有适当的方法消除(以前用$HgCl_2$氧化，但污染环境，故提倡采用无汞法)。但也不宜单用$TiCl_3$，特别是当试液中含铁量较高时，因溶液中引入较多的钛盐，当用水稀释试样时，常会出现大量四价钛盐沉淀，影响测定。因此，常将$SnCl_2$与$TiCl_3$联合使用。

Fe^{3+}定量还原为Fe^{2+}且过量的还原剂被除去后，即可用二苯胺磺酸钠为指示剂，以$K_2Cr_2O_7$标准溶液滴定至溶液呈现稳定的紫色即为终点：

$$6Fe^{2+}+Cr_2O_7^{2-}+14H^+ = 6Fe^{3+}+2Cr^{3+}+7H_2O$$

为了减少终点误差，常于试液中加入H_3PO_4，使Fe^{3+}生成无色稳定的$Fe(HPO_4)_2^-$，降低了Fe^{3+}/Fe^{2+}电对的电势，因而滴定突跃范围增大；此外，由于生成无色的$Fe(HPO_4)_2^-$，消除了Fe^{3+}的黄色干扰，有利于终点颜色的观察。计算公式如下：

$$Fe(\%) = \frac{6 \times C_{K_2Cr_2O_7} \times V_{K_2Cr_2O_7} \times Ar_{Fe}}{W_{样品} \times 1000} \times 100\%$$

$$Ar_{Fe} = 55.85$$

三、仪器与试剂

电子天平(0.0001g)；100mL 烧杯；250mL 容量瓶；250mL 锥形瓶；50mL 酸式滴定管。

1∶1 硫磷混酸；10 % 钨酸钠溶液。

1.5 %三氯化钛溶液：取原瓶装 $TiCl_3$ 10mL，用 1∶4 HCl 稀释成 100mL(易变质，应实验前临时配制)。

10 %二氯化锡溶液：10g $SnCl_2 \cdot 2H_2O$ 溶于 10mL 热浓盐酸中，加水至 100mL，加少量 Sn 粒，保存于棕色瓶中。

0.5 %二苯胺磺酸钠指示剂；

约 0.017mol · L^{-1}重铬酸钾标准溶液：准确称取 1.2～1.4g $K_2Cr_2O_7$基准物质(在 150～200℃ 烘过 2 h)在小烧杯中，加水溶解后完全转移入 250mL 容量瓶中，用水稀释至刻度，摇匀。按下式计算其摩尔浓度：

$$C_{K_2Cr_2O_7} = \frac{W_{K_2Cr_2O_7} \times 1000}{M_{K_2Cr_2O_7} \times 250} \text{mol} \cdot \text{L}^{-1}$$

$$M_{K_2Cr_2O_7} = 294.2$$

四、实验步骤

准确称取 0.15～0.20g 矿样于 250mL 锥形瓶中，加入 10mL 1∶1 硫磷混酸，轻轻摇匀，小火加热，不停摇动防止样品粘底。待到完全溶解后，稍冷，加入 30mL 1∶3 HCl 摇匀，加热近沸(此时溶液呈橙黄色)，趁热滴加 10 % $SnCl_2$溶液，将大部分 Fe^{3+}还原为 Fe^{2+}(此时温度不得低于 60 ℃，溶液由黄色变为浅黄色)，用自来水流水冷却。等冷却后加入 1mL 10% 钨酸钠作指示剂，再慢慢滴加 1.5 % $TiCl_3$至“钨蓝”刚出现，再加水约 60mL，放置 10～20s，此时“钨蓝”褪去(若“钨蓝”尚未褪尽，用 $K_2Cr_2O_7$小心滴至“钨蓝”刚好褪尽)。然后加 0.5 % 二苯胺磺酸钠指示剂 4～5 滴，用约 0.017mol · L^{-1} $K_2Cr_2O_7$标准溶液滴定至溶液由绿色到稳定的紫色为终点，记录滴定所消耗的 $K_2Cr_2O_7$标准溶液的体积数。平行测定三份，用公式计算试样中铁的含量。

五、数据记录与处理

序号 记录项目	1	2	3
W_1 初读数/g			
W_2 末读数/g			
$W_{K_2Cr_2O_7}$/g			
$C_{K_2Cr_2O_7}$/(mol · L^{-1})			
$W_{铁矿}$ 初读数/g			
$W_{铁矿}$ 末读数/g			
$W_{铁矿}$/g			

续表

记录项目 \ 序号	1	2	3
$V_{K_2Cr_2O_7}$终读数/mL			
$V_{K_2Cr_2O_7}$初读数/mL			
$V_{K_2Cr_2O_7}$/mL			
Fe/%			
$\overline{Fe}$/%			
相对平均偏差			

注意事项

1. 矿样溶解时，注意高温和热的浓酸，并注意轻轻摇动，以防样品粘底以及溅失。

2. 试样含硅较高时，可加入少量 NaF 助溶。

3. $SnCl_2$不能加过量，否则结果偏高，不慎过量时，可滴加 2% $KMnO_4$至浅黄色出现，再继续滴加 $TiCl_3$。

4. 滴加 $TiCl_3$的速度一定要慢，否则 $TiCl_3$过量太多，再用 $K_2Cr_2O_7$处理往往会使其过量，使 Fe 的测定结果偏低。

5. 滴入 $K_2Cr_2O_7$溶液时，“钨蓝”褪色较慢，故应慢慢滴入，充分摇匀。

六、思考题

1. 为什么重铬酸钾可以直接配成标准溶液？重铬酸钾具有哪些特点？

2. 用硫磷混酸的目的是什么？

3. 试样溶解不完全或有溅失，对结果将有何影响？不用 $K_2Cr_2O_7$预先滴定除去还原剂，对结果影响如何？

4. 含有 Fe^{2+}和 Fe^{3+}的酸性溶液，如何分别测定它们的含量？

4.2 $KMnO_4$标准溶液的配制和标定

一、实验目的

1. 了解高锰酸钾标准溶液的配制方法和保存条件；

2. 掌握用 $Na_2C_2O_4$作基准物标定高锰酸钾溶液浓度的方法原理；

3. 掌握滴定条件对氧化还原反应速度的影响。

二、实验原理

市售的高锰酸钾常含有少量杂质，如硫酸盐、氯化物及硝酸盐等，因此不能用直接法来配制准确浓度的高锰酸钾溶液。$KMnO_4$氧化力强，还易和水中的有机物、空气中的尘埃及氨等还原性物质作用；$KMnO_4$能自行分解，其分解反应如下：

$$4KMnO_4+2H_2O \xlongequal{} 4MnO_2\downarrow+4KOH+3O_2\uparrow$$

分解速度随溶液的 pH 值而改变。在中性溶液中，分解很慢，但 Mn^{2+}离子和 MnO_2能加

速 $KMnO_4$分解，见光则分解得更快。由此可见，$KMnO_4$溶液的浓度容易改变，必须正确地配制和保存。正确配制和保存的 $KMnO_4$溶液应呈中性，不含 MnO_2，这样，浓度就比较稳定，放置数月后浓度大约只降低 0.5%。但是如果长期使用，仍应定期标定。

$KMnO_4$标准溶液常用还原剂草酸钠 $Na_2C_2O_4$作基准物来标定。$Na_2C_2O_4$不含结晶水，容易精制。用 $Na_2C_2O_4$标定 $KMnO_4$溶液的反应如下：

$$2MnO_4^- + 5C_2O_4^{2-} + 16H^+ = 2Mn^{2+} + 10CO_2\uparrow + 8H_2O$$

滴定时可利用 MnO_4^-离子本身的颜色指示滴定终点。

根据 $KMnO_4$和 $Na_2C_2O_4$反应的化学计量关系，可以计算 $KMnO_4$的浓度：

$$C_{KMnO_4} = \frac{2W_{Na_2C_2O_4} \times 1000}{5V_{KMnO_4} \times M_{Na_2C_2O_4}} mol \cdot L^{-1}$$

$$M_{Na_2C_2O_4} = 134.0$$

三、仪器与试剂

台秤(0.1g)；电子天平(0.0001g)；250mL 锥形瓶；

50mL 酸式滴定管；棕色试剂瓶；温度计；水浴锅；

$KMnO_4$(固)；$Na_2C_2O_4$(A.R 或基准试剂)；10 % H_2SO_4溶液。

四、实验步骤

1. 0.02mol · L^{-1} $KMnO_4$溶液的配制

称取约 1.3g $KMnO_4$，溶于 400mL 的水中，加热煮沸 20~30min(随时加水以补充因蒸发而损失的水)。冷却后在暗处放置 7~10 天，然后用玻璃砂芯漏斗或玻璃纤维过滤除去 MnO_2等杂质，滤液贮于洁净的棕色玻璃瓶中，放置暗处保存。如果溶液经煮沸并在水浴上保温 1h，冷却后过滤，则不必长期放置，就可以标定其浓度。

2. $KMnO_4$溶液浓度的标定

准确称取 0.14~0.20g $Na_2C_2O_4$基准物于 250mL 锥形瓶中，加水约 30mL 使之溶解，再加 10mL 10 % H_2SO_4溶液并加热至 75~85℃，立即用待标定的 $KMnO_4$溶液滴定(不能沿瓶壁滴入)至呈粉红色经 30s 不褪即为终点，记录滴定所消耗的 $KMnO_4$溶液体积数。平行测定三份，用公式计算 $KMnO_4$溶液的浓度。

五、数据记录与处理

序号 记录项目	1	2	3
W_1 初读数/g			
W_2 末读数/g			
$W_{Na_2C_2O_4}$/g			
V_{KMnO_4}终读数/mL			
V_{KMnO_4}初读数/mL			
V_{KMnO_4}/mL			
C_{KMnO_4}/(mol · L^{-1})			
$\overline{C}_{KMnO_4}$/(mol · L^{-1})			
相对平均偏差			

注意事项

1. $KMnO_4$溶液作氧化剂，通常是在强酸溶液中反应，滴定过程中若发现产生棕色浑浊(是酸度不足引起)，应即加入 H_2SO_4补救，但若已经到达终点，补加 H_2SO_4已无效，应重做实验。

2. 加热可使反应加快，但不应热至沸腾，否则容易引起部分草酸分解，正确的温度是75~85 ℃，在滴定至终点时，溶液的温度不应低于60℃。

3. $KMnO_4$溶液应装在酸式滴定管中，由于 $KMnO_4$溶液颜色很深，不易观察凹液面的最低点，因此应该从液面最高边上读数。

4. Mn^{2+}对 $KMnO_4$氧化 $Na_2C_2O_4$的反应起催化作用，所以滴定刚开始时，由于无 Mn^{2+}存在，反应速度很慢，因此，滴定速度也一定要慢，过快则会使 $KMnO_4$来不及反应而发生分解产生 MnO_2褐色沉淀。正确的做法是：先滴下一滴 $KMnO_4$摇晃，待颜色褪去后才能加第2滴，等几滴 $KMnO_4$起作用后，滴定的速度可以稍快些，但不能让 $KMnO_4$溶液成线状流下，近终点时更需小心缓慢滴入。

5. $KMnO_4$滴定的终点是不大稳定的，这是由于空气中含有还原性气体及尘埃等杂质，落入溶液中能使 $KMnO_4$慢慢分解，而使粉红色消失，所以经过30s不褪色，即可认为终点已到。

6. 滴定结束，把滴定管中 $KMnO_4$冲洗干净。

六、思考题

1. 配制 $KMnO_4$标准溶液时为什么要把 $KMnO_4$水溶液煮沸一定时间(或放置数天)？配好的 $KMnO_4$溶液为什么要过滤后才能保存？过滤时是否能用滤纸？

2. 配好的 $KMnO_4$溶液为什么要装在棕色瓶中(如果没有棕色瓶应该怎么办?)放置暗处保存？

3. 用 $Na_2C_2O_4$标定 $KMnO_4$溶液浓度时，为什么必须在大量 H_2SO_4存在下进行(可以用HCl或 HNO_3溶液吗)？酸度过高或过低有无影响？为什么要加热至75~85℃后才能滴定？溶液温度过高或过低有什么影响？

4. 用 $KMnO_4$溶液滴定 $Na_2C_2O_4$溶液时，$KMnO_4$溶液为什么一定要装在酸式滴定管中？为什么第一滴 $KMnO_4$溶液加入后红色褪去很慢，以后褪色很快？

5. 配制 $KMnO_4$溶液的烧杯放置较久后，杯壁上常有棕色沉淀(是什么?)，不容易洗净，应该怎样洗涤？

4.3 $KMnO_4$法测定石灰石中钙的含量

一、实验目的

1. 学习沉淀分离的基本知识和操作(沉淀、过滤及洗涤等)；
2. 了解用高锰酸钾法测定石灰石中钙含量的原理和方法，尤其是结晶形草酸钙沉淀；
3. 掌握 CaC_2O_4沉淀的分离的条件及其洗涤的方法。

二、实验原理

石灰石的主要成分是 $CaCO_3$，较好的石灰石含 CaO 约45%~53 %，此外还含有 SiO_2、

Fe_2O_3、Al_2O_3 及 MgO 等杂质。

测定钙的方法很多，快速的方法是络合滴定法，较精确的方法是高锰酸钾法。本实验采用高锰酸钾法：先将 Ca^{2+} 离子沉淀为 CaC_2O_4，将沉淀滤出并洗涤后，溶于稀 H_2SO_4 溶液，再用 $KMnO_4$ 标准溶液滴定与 Ca^{2+} 离子相当的 $C_2O_4^{2-}$ 离子，根据所用 $KMnO_4$ 的体积和浓度计算试样中钙或氧化钙的含量。

主要反应如下：

$$Ca^{2+} + C_2O_4^{2-} \longrightarrow CaC_2O_4 \downarrow$$

$$CaC_2O_4 + H_2SO_4 \longrightarrow CaSO_4 + H_2C_2O_4$$

$$5C_2O_4^{2-} + 2MnO_4^- + 16H^+ = 2Mn^{2+} + 10CO_2 \uparrow + 8H_2O$$

计算公式如下：

$$Ca(\%) = \frac{5C_{KMnO_4} \times V_{KMnO_4} \times Ar_{Ca}}{2W_s \times 1000} \times 100\%$$

$$Ar_{Ca} = 40.08$$

按照经典方法，需用碱性熔剂分解试样，制成溶液，分离除去 SiO_2 和 Fe^{3+}、Al^{3+} 离子，然后测定钙，但是其手续太繁琐。若试样中含酸不溶物较少，可以用酸溶样，Fe^{3+}、Al^{3+} 离子可用柠檬酸铵掩蔽，不必沉淀分离，这样就可简化分析步骤。

CaC_2O_4 是弱酸盐沉淀，其溶解度随溶液酸度增大而增加，在 pH = 4 时，CaC_2O_4 的溶解损失可以忽略，一般采用在酸性溶液中加入 $(NH_4)_2C_2O_4$，再滴加氨水逐渐中和溶液中 H^+ 离子，使 $[C_2O_4^{2-}]$ 缓缓增大，CaC_2O_4 沉淀缓慢形成，最后控制溶液 pH 值在 3.5~4.5。这样，既可使 CaC_2O_4 沉淀完全，又不致生成 $Ca(OH)_2$ 或 $(CaOH)_2C_2O_4$ 沉淀，能获得组成一定、颗粒粗大而纯净的 CaC_2O_4 沉淀。

三、仪器与试剂

电子天平(0.0001g)；250mL 烧杯；50mL 酸式滴定管；50mL 量筒。

1 : 1 HCl 溶液；10 % H_2SO_4 溶液；0.1 % 甲基橙；1 : 1 氨水(滴瓶装)。

0.25mol · L^{-1} $(NH_4)_2C_2O_4$ 溶液；0.1 % $(NH_4)_2C_2O_4$ 溶液；20% 柠檬酸。

0.1mol · L^{-1} $AgNO_3$ 溶液(滴瓶装)；0.02mol · L^{-1} $KMnO_4$ 标准溶液。

四、实验步骤

准确称取石灰石两份，各重 0.15~0.20g 于 250mL 烧杯中，以少量的水湿润之，盖上表面皿，沿烧杯壁缓缓滴加 12mL 1 : 1HCl，并轻轻摇动烧杯，使样品溶解，等到样品不再发生气泡以后，加热煮沸。使试样溶解完全，冷却，加入 20% 柠檬酸 10mL，然后边搅拌边加入 35mL0.25mol · L^{-1} $(NH_4)_2C_2O_4$ 溶液，若有沉淀生成，则滴加 HCl 将沉淀溶解(勿加入大量 HCl)后用水稀释至 100mL，加甲基橙 2 滴，在水浴上加热至 75~85℃以上，以每秒 1~2 滴的速度滴加 1 : 1 氨水到溶液由红色转淡橙色为止。继续加热 30min，同时用玻璃棒轻轻搅拌陈化。冷却，过滤，后用 0.1% $(NH_4)_2C_2O_4$ 洗 3~4 次(各 15mL)，再用温水洗 4~5 次，至不含 Cl^- 为止。移去接受滤液的瓶子，换上对应的原烧杯。用 50mL10% H_2SO_4 溶液分数次把沉淀从滤纸上洗到原烧杯里，加一半后用玻棒将滤纸捅破，用剩下的酸将沉淀冲下，等几分钟后，移出烧杯。然后稀释到 100mL，水浴加热到 75~85℃，用 $KMnO_4$ 标准溶液滴定到粉红色，再把滤纸挑出浸入溶液，同时用水冲洗漏斗，然后用玻璃棒搅拌，此时溶液褪色，用原先撕下的小片滤纸擦拭玻棒后扔入溶液(此时玻棒已无作用)。再滴加 $KMnO_4$ 标准溶液，直到出现粉红色在30s 内不消失为止，记录滴定所消耗的 $KMnO_4$ 标准溶液的体积数。平行测定两次，用公式计算石灰石中的含钙量。

五、数据记录与处理

记录项目 \ 序号	1	2	3
$C_{KMnO_4}/(mol \cdot L^{-1})$			
W_1/g			
W_2/g			
$W_{石灰石}/g$			
V_{KMnO_4} 终读数/mL			
V_{KMnO_4} 初读数/mL			
V_{KMnO_4}/mL			
Ca/%			
$\overline{Ca}$/%			
相对平均偏差			

注意事项

1. 沉淀剂 $(NH_4)_2C_2O_4$ 在酸性溶液中加入，然后再调 pH 值，但盐酸不能过量太多，否则用氨水调 pH 值时，用量较大。

2. 滴加氨水时不能太快，防止局部过浓而生成沉淀过细，过滤时有损失。

3. 调节 pH 值在 3.5~4.5，可使 CaC_2O_4 沉淀完全，MgC_2O_4 不沉淀，这一过程，可利用甲基橙指示剂的变色来控制。

4. 陈化的目的是使沉淀稳定且转化为大晶体。可以通过保温或放置过夜达到目的，但对 Mg 含量高的试样，不宜久放，以免后沉淀。

5. 洗涤时，先用沉淀剂的稀溶液洗涤，利用同离子效应，降低沉淀的溶解度，以减少溶解损失，并洗去大量杂质。

6. 用水洗的目的是洗去 $C_2O_4^{2-}$ 离子，洗至洗液中无 Cl^- 离子，即表示沉淀中杂质已洗净。可用滴加 $AgNO_3$ 检查 Cl^- 离子来检验 $C_2O_4^{2-}$ 离子是否已洗净。

7. 注意洗涤次数和洗涤液体积不可太多。

8. 由于过滤、洗涤时间较长，注意合理安排时间。

9. 玻璃棒在使用过程中不能随意取出或调换，以防沉淀损失。

六、思考题

1. 沉淀 CaC_2O_4 时，为什么要先在酸性溶液中加入沉淀剂 $(NH_4)_2C_2O_4$，然后在 75~85℃ 时滴加氨水至甲基橙变橙黄色而使 CaC_2O_4 沉淀？中和时为什么选用甲基橙指示剂来指示酸度？

2. 如果将带有 CaC_2O_4 沉淀的滤纸一起用硫酸处理，再用 $KMnO_4$ 溶液滴定，会产生什么影响？

3. CaC_2O_4沉淀生成后为什么要陈化？

4. $KMnO_4$法与络合滴定法测定钙的优缺点各是什么？

5. 若试样含 Ba^{2+}或 Sr^{2+}，它们对用 $(NH_4)_2C_2O_4$沉淀分离 CaC_2O_4有无影响？白云石(主要成分是 $CaCO_3 \cdot MgCO_3$)中的 Ca 可用什么方法分析？若用 $KMnO_4$法，与分析石灰石有无不同之处？为什么？

4.4 水中化学耗氧量的测定

一、实验目的

1. 了解测定水样化学耗氧量的意义；

2. 掌握酸性高锰酸钾法和重铬酸钾法测定化学耗氧量的原理和方法。

二、实验原理

水样的耗氧量是水质污染程度的主要指标之一，它分为生物耗氧量(*BOD*)和化学耗氧量(*COD*)两种。*BOD* 是指水中有机物质发生生物过程时所需要氧的量；*COD* 是指在特定条件下，用强氧化剂处理水样时，水样所消耗的氧化剂的量，常用每升水消耗 O_2的量来表示。水样中的化学耗氧量与测试条件有关，因此应严格控制反应条件，按规定的操作步骤进行测定。

测定化学耗氧量的方法有重铬酸钾法、酸性高锰酸钾法和碱性高锰酸钾法。重铬酸钾法是指在强酸性条件下，向水样中加入过量的 $K_2Cr_2O_7$，让其与水样中的还原性物质充分反应，剩余的 $K_2Cr_2O_7$以邻菲罗啉为指示剂，用硫酸亚铁铵标准溶液返滴定。根据消耗的硫酸亚铁铵溶液的体积和浓度，计算水样的耗氧量。如有氯离子干扰，可在回流前加硫酸银除去。该法适用于工业污水及生活污水等含有较多复杂污染物的水样的测定。其相关的滴定反应方程式和计算公式如下：

$$Cr_2O_7^{2-} + C + H^+ \longrightarrow Cr^{3+} + CO_2\uparrow + H_2O$$

$$Cr_2O_7^{2-} + 6Fe^{2+} + 14H^+ = 2Cr^{3+} + 6Fe^{3+} + 7H_2O$$

$$COD_{Cr} = \frac{C_{Fe^{2+}}(V_0 - V_1) \times 8 \times 1000}{V} (O_2,\ mg \cdot L^{-1})$$

式中，V_0、V_1分别为空白和水样消耗硫酸亚铁铵标准溶液的体积。

酸性高锰酸钾法测定水样的化学耗氧量是指在酸性条件下，向水中加入过量的 $KMnO_4$溶液，并加热溶液使其充分反应，然后再向溶液中加入过量的 $Na_2C_2O_4$标准溶液还原多余的 $KMnO_4$，剩余的 $Na_2C_2O_4$ 再用 $KMnO_4$溶液返滴定。根据 $KMnO_4$的浓度和水样消耗 $KMnO_4$溶液的体积，计算水样的耗氧量。此法适用于污染不十分严重的地面水和河水等的化学耗氧量的测定。此方法简单、快速。若水样中 Cl^- 含量较高，可加入 Ag_2SO_4消除干扰，也可以改用碱性高锰酸钾法进行测定。有关反应方程式为：

$$4MnO_4^- + 5C + 12H^+ = 4Mn^{2+} + 5CO_2\uparrow + 6H_2O$$

$$2MnO_4^- + 5C_2O_4^{2-} + 16H^+ \longrightarrow 2Mn^{2+} + 10CO_2\uparrow + 8H_2O$$

这里，C泛指水中的还原性物质或耗氧物质，主要为有机物。

水样耗氧量的计算式为：

$$COD_{Mn} = \frac{\{5C_{MnO_4^-} \times [V_1 + V_2 - V_0]_{MnO_4^-} - 2[C_{C_2O_4^{2-}} \times V_{C_2O_4^{2-}}]\} \times 8 \times 1000}{V_{水样}} (O_2,\ mg \cdot L^{-1})$$

式中 V_1——第一次加入 $KMnO_4$ 的体积数；

V_2——滴定加入 $KMnO_4$ 的体积数；

V_0——空白测定的 $KMnO_4$ 的体积数。

三、仪器和试剂

回流装置；台秤(0.1g)；电子天平(0.0001g)；100mL 烧杯；250mL 容量瓶；25mL 移液管；250mL 锥形瓶；50mL 碱式滴定管，棕色试剂瓶。

0.0025~0.0028mol·L^{-1} $KMnO_4$ 标准溶液：台秤称取 0.2~0.22g $KMnO_4$ 固体溶于 500mL 水中，加热煮沸 30min，冷却后在暗处放置 7 ~ 10 天，然后用玻璃砂芯漏斗或玻璃纤维过滤除去 MnO_2 等杂质，滤液贮于洁净的棕色玻璃瓶中，放置暗处保存。然后用基准物质 $Na_2C_2O_4$ 标定其浓度。

0.005mol·L^{-1} $Na_2C_2O_4$ 溶液：准确称取 0.16~0.18g 在 105℃ 下烘干 2 h 并冷却的 $Na_2C_2O_4$ 基准物质，置于小烧杯中，用适量水溶解后，定量转移至 250mL 容量瓶中，加水稀释至刻度，摇匀。计算其准确浓度值。

0.040mol·L^{-1} $K_2Cr_2O_7$ 溶液：准确称取 2.9g 在 150~180℃下烘干过的 $K_2Cr_2O_7$ 基准试剂于小烧杯中，加少量水溶解后，定量转入 250mL 容量瓶中，加水稀释至刻度，摇匀。

邻菲罗啉指示剂：称取 1.485g 邻菲罗啉和 0.695g $FeSO_4 \cdot 7H_2O$，溶于 100mL 水中，摇匀，储存于棕色瓶中。

0.1mol·L^{-1} 硫酸亚铁铵：用小烧杯称取 9.8g 六水硫酸亚铁铵，加 10mL 6mol·L^{-1} H_2SO_4 溶液和少量水，溶解后加水稀释至 250mL，储存于试剂瓶中，待标定。

6mol·L^{-1} H_2SO_4 溶液；Ag_2SO_4(s)。

四、实验步骤

1. 水样中 *COD* 的测定(酸性 $KMnO_4$ 法)

于 250mL 锥形瓶中加入 100.00mL 水样，12mL 6mol·L^{-1} H_2SO_4 溶液，再用滴定管或移液管准确加入 10.00mL(V_1) 0.0025~0.0028mol·L^{-1} $KMnO_4$ 标准溶液，然后尽快水浴加热并维持水浴沸腾 30min(紫红色不应褪去，否则应增加 $KMnO_4$ 溶液的体积)。取下锥形瓶，冷却 1min 后，准确加入 25.00mL 0.005mol·L^{-1} $Na_2C_2O_4$ 标准溶液，充分摇匀(此时溶液应为无色，否则应增加 $Na_2C_2O_4$ 溶液的用量)。趁热用 $KMnO_4$ 溶液滴定至溶液呈微红色即为终点，读数(V_2)。平行滴定三份。

另取 100.00mL 蒸馏水代替水样进行实验，测空白值(V_0)。用上述公式计算水样的化学耗氧量(mg·L^{-1})。

2. 水样中 *COD* 的测定($K_2Cr_2O_7$ 法)

(1) 硫酸亚铁铵溶液的标定

准确移取 10.00mL 0.040mol·L^{-1} $K_2Cr_2O_7$ 溶液三份，分别置于 250mL 锥形瓶中，加入 50mL 水、20mL 浓 H_2SO_4(应注意慢慢加入，并随时摇匀)，再滴加 3 滴邻菲罗啉指示剂，然后用硫酸亚铁铵溶液滴定，溶液由黄色变为红褐色时为终点。平行滴定三份，计算硫酸亚铁铵的浓度。

（2）*COD* 的测定

取 50.00mL 水样于 250mL 回流锥形瓶中，准确加入 15.00mL 0.040mol · L^{-1} $K_2Cr_2O_7$标准溶液、20mL 浓 H_2SO_4、1g Ag_2SO_4固体和数粒玻璃珠，轻轻摇匀后，加热回流 2 h 。（若水样中氯含量较高，则先往水样中加 1g $HgSO_4$和 5mL 浓 H_2SO_4，待 $HgSO_4$溶解后，再加入 25.00mL $K_2Cr_2O_7$溶液、20mL 浓 H_2SO_4、1g Ag_2SO_4加热回流）。冷却后用适量蒸馏水冲洗冷凝管，取下锥形瓶，用水稀释至约 150mL，加 3 滴邻菲罗啉指示剂，然后用硫酸亚铁铵溶液滴定，溶液由黄色变为红褐色时为终点。平行滴定三份，以 50.00mL 蒸馏水代替水样进行上述实验，测定空白值，计算水中 *COD*(mg · L^{-1})。

五、数据记录与处理

酸性 $KMnO_4$法

记录项目 \ 序号	1	2	3
C_{KMnO_4}/(mol · L^{-1})			
$V_{水样量}$	100mL	100mL	100mL
$V_{2(KMnO_4)}$终读数/mL			
$V_{2(KMnO_4)}$初读数/mL			
$V_{2(KMnO_4)}$/mL			
COD/(mg · L^{-1})			
$\overline{COD}$/(mg · L^{-1})			
相对平均偏差			

注意事项

1. 水样采集后，应加入 H_2SO_4使 pH <2，抑制微生物繁殖。

2. 试样应尽快分析，必要时在 0~5℃ 保存，应在 48 h 内测定。

3. 取水样的量由外观可初步判断：洁净透明的水样取 100mL；污染严重、浑浊的水样取 10~30mL，补加蒸馏水至 100mL。

附：水质标准

水质标准	Ⅰ	Ⅱ	Ⅲ	Ⅳ	Ⅴ
高锰酸盐指数(O_2)/(mg · L^{-1})	≤2	4	6	8	10

六、思考题

1. 水样中加入 $KMnO_4$溶液煮沸后，若紫红色褪去，说明什么？应怎样处理？

2. 用重铬酸钾法测定时，若在加热回流后变绿，是什么原因？应如何处理？

3. 水样中氯离子的含量较高，为什么对测定有干扰？如何消除？

4. 水样 *COD* 的测定有何意义？

4.5 $Na_2S_2O_3$ 标准溶液的配制和标定

一、实验目的

1. 掌握 $Na_2S_2O_3$ 标准溶液的配制方法和保存条件；
2. 掌握 $Na_2S_2O_3$ 标准溶液浓度标定的原理和方法。

二、实验原理

硫代硫酸钠($Na_2S_2O_3 \cdot 5H_2O$)一般都含有少量杂质，如 S、Na_2SO_3、Na_2SO_4、Na_2CO_3 及 NaCl 等，同时还容易风化和潮解，因此不能直接配制准确浓度的溶液。

另外，$Na_2S_2O_3$ 溶液易受空气和微生物等的作用而分解。

① 溶解的 CO_2 的作用：$Na_2S_2O_3$ 在中性或碱性溶液中较稳定，当 $pH<4.6$ 时即不稳定。溶液中含有 CO_2 时，它会促进 $Na_2S_2O_3$ 分解：

$$Na_2S_2O_3+H_2CO_3 \longrightarrow NaHSO_3+NaHCO_3+S\downarrow$$

此分解作用一般发生在溶液配成后的最初十天内。分解后一分子 $Na_2S_2O_3$ 变成了一分子 $NaHSO_3$，一分子 $Na_2S_2O_3$ 只能和一个碘原子作用，而一分子 $NaHSO_3$ 却能和二个碘原子作用，因此从反应能力看溶液的浓度增加了。以后由于空气的氧化作用，浓度又慢慢减小。

在 pH 9~10 的硫代硫酸盐溶液最为稳定，所以在 $Na_2S_2O_3$ 溶液中加入少量 Na_2CO_3。

② 空气的氧化作用：

$$2Na_2S_2O_3+O_2 \longrightarrow 2Na_2SO_4+2S\downarrow$$

③ 微生物的作用：这是使 $Na_2S_2O_3$ 分解的主要原因。为了避免微生物的分解作用，可加入少量 HgI_2($10\ mg \cdot L^{-1}$)。

为了减少溶解在水中的 CO_2 和杀死水中微生物，应用新煮沸并冷却的蒸馏水配制溶液并加入少量 Na_2CO_3(浓度约为 0.02 %)，以防止 $Na_2S_2O_3$ 分解。

日光能促进 $Na_2S_2O_3$ 溶液分解，所以 $Na_2S_2O_3$ 溶液应贮于棕色瓶中，放置暗处，经 8~14 天再标定，长期使用的溶液，应定期标定。若保存得好，可每两月标定一次。

通常用 $K_2Cr_2O_7$ 作基准物标定 $Na_2S_2O_3$ 溶液的浓度。采用的滴定方式是置换滴定法。先用基准物 $K_2Cr_2O_7$ 与过量 KI 反应析出定量的 I_2：

$$Cr_2O_7^{2-}+6I^-+14H^+ = 2Cr^{3+}+3I_2+7H_2O$$

析出的 I_2 再用标准 $Na_2S_2O_3$ 溶液滴定，采用淀粉指示剂确定终点：

$$I_2+2S_2O_3^{2-} = S_4O_6^{2-}+2I^-$$

这个标定方法是间接碘法的应用。计算公式如下：

$$C_{Na_2S_2O_3} = \frac{6W_{K_2Cr_2O_7} \times 1000}{V_{Na_2S_2O_3} \times M_{K_2Cr_2O_7}} mol \cdot L^{-1}$$

$$M_{K_2Cr_2O_7} = 294.2$$

三、仪器与试剂

台秤(0.1g)；电子天平(0.0001g)；250mL 碘量瓶；50mL 碱式滴定管；

$Na_2S_2O_3 \cdot 5H_2O$(固)；Na_2CO_3(固)；可溶性淀粉(0.2 %)；

$K_2Cr_2O_7$(A. R 或基准试剂)；20 % KI 溶液；2 % KI；

3mol · L^{-1} HCl 溶液。

四、实验步骤

1. 0.1mol · $L^{-1}$$Na_2S_2O_3$标准溶液的配制

在台秤上秤取 12.5g 的 $Na_2S_2O_3 \cdot 5H_2O$ 固体和 0.1g 的无水 Na_2CO_3溶于新煮沸并冷却的 500mL 水中，溶液贮于棕色试剂瓶中，放置一星期后标定。

2. $Na_2S_2O_3$标准溶液浓度的标定

准确称取已烘干的 $K_2Cr_2O_7$(A. R)0.10~0.12g 于 250mL 碘量瓶中，加入 20mL 水使之溶解，再加入 10mL 20 % KI 溶液和 3mol · L^{-1}HCl 溶液 10mL，混匀后盖好瓶塞，并用 2% KI 封口，放在暗处反应 5min。然后用 50mL 水稀释，立即用 $Na_2S_2O_3$标准溶液滴定到呈浅黄绿色时，加入 0.2 % 淀粉溶液 5mL，继续用 $Na_2S_2O_3$标准溶液滴定至蓝色褪去呈现绿色为终点，记录滴定所消耗的 $Na_2S_2O_3$溶液的体积数。平行测定三份，用公式计算 $Na_2S_2O_3$溶液的浓度。

五、数据记录与处理

记录项目＼序号	1	2	3
W_1/g			
W_2/g			
$W_{K_2Cr_2O_7}$/g			
$V_{Na_2S_2O_3}$终读数/mL			
$V_{Na_2S_2O_3}$初读数/mL			
$V_{Na_2S_2O_3}$/mL			
$C_{Na_2S_2O_3}$/(mol · L^{-1})			
$\bar{C}_{Na_2S_2O_3}$/(mol · L^{-1})			
相对平均偏差			

注意事项

1. 为防止碘误差和氧误差，实验要用碘量瓶。

2. $K_2Cr_2O_7$与 KI 的反应不是立刻完成的，在稀溶液中反应更慢，应等反应完成后再加水稀释。在上述条件下，大约经 5min 反应即可完成。

3. 淀粉指示剂不能加入过早，否则淀粉与 I_2过早形成蓝色络合物，大量吸附 I_3^-，颜色变为深灰色，终点拖长且不敏锐，不好观察。

4. 滴定完了的溶液放置后会变蓝色，如果不是很快变蓝(经过 5 ~ 10min)，那就是由于空气氧化所致，如果很快而且又不断变蓝，说明 $K_2Cr_2O_7$与 KI 的作用在滴定前进行得不完全，溶液稀释得太早。遇此情况，实验应重做。

六、思考题

1. 配制 $Na_2S_2O_3$标准溶液时，为什么要加入少量 Na_2CO_3，如何正确保存 $Na_2S_2O_3$标准

液？

2. 碘量法的主要误差来源有哪些？如何防止？

3. $K_2Cr_2O_7$标定 $Na_2S_2O_3$溶液时，为什么滴定前酸性溶液不能稀释？而开始滴定时又需要大量的水进行稀释？

4. 还有哪些基准物可用来标定 $Na_2S_2O_3$？

5. 用 I_2标准溶液滴定 $Na_2S_2O_3$时，用淀粉作指示剂，该指示剂是否可先加？为什么？

6. $K_2Cr_2O_7$作基准物标定 $Na_2S_2O_3$溶液时，为什么要加入过量的 KI 和 HCl 溶液？为什么放置一定时间后才加水稀释？如果：(1)加 KI 溶液而不加 HCl 溶液(2)加酸后不放置暗处(3)不放置或少放置一定时间即加水稀释，会产生什么影响？

7. 为什么用 I_2溶液滴定 $Na_2S_2O_3$溶液时应预先加入淀粉指示剂？而用 $Na_2S_2O_3$溶液滴定 I_2溶液时必须在将近终点之前才加入？

8. 马铃薯和稻米等都含淀粉，它们的溶液是否可用作指示剂？

9. 淀粉指示剂的用量为什么要多达5mL(0.2%)？和其他滴定方法一样，只加几滴行不行？

10. 如果分析的试样不同，$Na_2S_2O_3$ 标准溶液的浓度是否都应配成 0.1mol·L^{-1} 和 0.05mol·L^{-1}？

4.6 铜合金中铜含量的测定

一、目的要求

1. 学会铜合金试样的溶解和碘量法测铜的原理和方法；
2. 了解反应条件(浓度、酸度、温度等)对氧化还原滴定的影响。

二、实验原理

铜合金的种类很多，主要有黄铜和各种青铜等。关于铜合金中铜的测定，生产上一般采用碘量法。

将试样用硝酸溶解，除去干扰，在弱酸性溶液中，有以下反应：

$$Cu^{2+}+4I^- = 2CuI\downarrow +I_2$$

析出的 I_2以淀粉为指示剂，用 $Na_2S_2O_3$标准溶液滴定：

$$I_2+2S_2O_3^{2-} = 2I^-+S_4O_6^{2-}$$

计算公式如下：

$$Cu(\%)=\frac{C_{Na_2S_2O_3}\times V_{Na_2S_2O_3}\times Ar_{Cu}}{W_{样品}\times 1000}\times 100\%$$

$$Ar_{Cu}=63.55$$

Cu^{2+}与 I^-之间的反应是可逆的，任何引起 Cu^{2+}浓度减少(如形成络合物等)或引起 CuI 溶解增加的因素均使反应不完全。可加入过量的 KI，使 Cu^{2+}的还原趋于完全。由于 CuI 沉淀强烈地吸附 I_2，使测定结果偏低，故加入 SCN^-，使 CuI（$K_{sp}=1.1\times10^{-12}$）转化为溶解度更小的 CuSCN($K_{sp}=4.8\times10^{-15}$)，释放出被吸附的 I_2，并使反应更趋于完全。但 SCN^-只能在接近终点时加入，否则有可能直接还原二价铜离子，使结果偏低。

$$6Cu^{2+}+7SCN^-+4H_2O = 6CuSCN\downarrow +SO_4^{2-}+CN^-+8H^+$$

溶液 pH 值一般控制在 3~4 之间，酸度过低，由于二价离子的水解，使反应不完全，结果偏低，而且反应速度慢，终点拖长；酸度过高，则 I^- 被空气中的氧氧化为 I_2(Cu^{2+} 催化此反应)，使结果偏高。Fe^{3+} 能氧化 I^-，故对测定有干扰，可用 NH_4HF_2 掩蔽。

三、仪器与试剂

电子天平(0.0001g)；50mL 碱式滴定管；50mL 量筒；250mL 锥形瓶。

1∶1HNO_3；1∶1 H_2SO_4；1∶1 氨水；1∶1HAc ；20 % NH_4HF_2溶液；

20 % KI 溶液；10 % KSCN 溶液；0.1mol·L^{-1} $Na_2S_2O_3$标准溶液；

0.2 %淀粉溶液：取 0.2g 可溶性淀粉，加少量水调成糊状，加入到 100mL 沸水中，搅匀即成。

四、实验步骤

准确称取铜合金样品 0.18~0.22g 于 250mL 锥形瓶中，加入 1∶1 $HNO_3$5mL，小火加热让其溶解。当溶液蒸发到约一半时，稍冷，加入 1∶1 H_2SO_4 2mL，继续加热。待到冒白烟时，取下冷却。加 60mL H_2O，使铜盐溶解，并逐滴滴加 1∶1 氨水至出现蓝色的铜氨络离子为止(边滴加边摇匀)。此时加入 8mL 1∶1 HAc，10mL 20 %NH_4HF_2，10mL 20 % KI，摇匀后成土黄色混浊液，立即用 0.1mol·L^{-1} $Na_2S_2O_3$溶液滴定到淡黄色时，加 5mL 0.2 % 淀粉指示剂，继续滴定至淡紫色，再加 10mL 10 % KSCN，摇匀，溶液紫色又转深，最后继续滴定至紫色或蓝色消失即为终点，记下所用 $Na_2S_2O_3$的体积数。平行测定三份，用公式计算铜合金中铜的含量。

五、数据记录与处理

序号 记录项目	1	2	3
$C_{Na_2S_2O_3}$/(mol·L^{-1})			
W_1/g			
W_2/g			
$W_{样品}$/g			
$V_{Na_2S_2O_3}$终读数/mL			
$V_{Na_2S_2O_3}$初读数/mL			
$V_{Na_2S_2O_3}$/mL			
Cu/%			
$\overline{Cu}$/%			
相对平均偏差			

注意事项

1. 用 HNO_3溶解铜样时，有大量 NO_2气体产生，故应在通风柜中进行，并不时轻摇，铜样溶解完全后应稍冷，然后再加入 1∶1H_2SO_4赶剩余的 HNO_3，待大量白色 SO_3烟雾冒出，

说明 H_2SO_4已大部分分解，放置一边冷却后再取出处理。

2. 溶液的 pH 值控制在 3~4，可先滴加 1∶1 氨水至沉淀产生，继续滴加氨水至溶液呈现铜氨络合离子的绛蓝色，此时 pH 值约为 5，再加入 1∶1 HAc 和 20 % NH_4HF_2两种缓冲溶液，使溶液 pH 值控制在 3~4 范围。

3. 加入 NH_4HF_2既可掩蔽 Fe^{3+}的干扰，又起到控制酸度的作用。

4. 加入 KI 溶液，轻轻摇匀后要立即滴定，防止碘的挥发。滴定的开始阶段，滴定速度可以快些，但不能太剧烈地摇动。

5. 滴定要一份一份做，不能三份同时加 KI 溶液后才逐份滴定。

6. 实验结束，立即洗涤锥形瓶，因为 HF 对玻璃有腐蚀作用。

7. 每做完一份样品，要及时洗净量筒，洗掉剩余的 KSCN，防止 KSCN 与 Cu^{2+}反应，导致下一份实验失败。

六、思考题

1. 测定铜时，加入 KI 溶液后若不及时用 $Na_2S_2O_3$滴定，对测定结果有何影响？

2. 为何要用 NH_4HF_2来掩蔽 Fe^{3+}，而不是用 NH_4F或 HF？

3. 加入 KSCN 的目的是什么？如果在酸化后立即加入 KSCN 溶液，会产生什么影响？

4. 测定反应为什么一定要在弱酸性溶液中进行？

5. 已知 $E^{\ominus}(Cu^{2+}/Cu) = 0.158V$，$E^{\ominus}(I_2/I^-) = 0.54V$，为什么本法中 Cu^{2+}离子却能使 I^-离子氧化为 I_2？

6. 如果 $Na_2S_2O_3$标准溶液是用来分析铜的，为什么可用纯铜作基准物标定 $Na_2S_2O_3$溶液的浓度？

4.7　三氯化铬的含量测定

一、实验目的

1. 学习样品的氧化前处理；
2. 学习用亚铁标准溶液测定铬的方法；
3. 学习应用氧化还原理论分析反应条件。

二、实验原理

将 Cr^{3+}先用氧化剂过硫酸铵在 Ag^+催化下氧化成氧化性的 $Cr_2O_7^{2-}$，此时可采用少量 Mn^{2+}作指示剂，再加热除去过量的预氧化剂，然后用硫酸亚铁铵标准溶液滴定，即可求出 Cr 的含量。

相关的反应方程式和计算公式如下：

$$Cr^{3+} + S_2O_8^{2-} \xrightarrow{Ag^+\ 催化} SO_4^{2-} + Cr_2O_7^{2-}$$

$$Cr_2O_7^{2-} + 6Fe^{2+} + 14H^+ = 2Cr^{3+} + 6Fe^{3+} + 7H_2O$$

$$Cr(\%) = \frac{C_{Fe^{2+}} \times V_{Fe^{2+}} \times 3 \times \dfrac{Ar_{Cr}}{1000}}{W_{样品}} \times 100\%$$

$$Ar_{Cr} = 52.00$$

三、仪器与试剂

电子天平(0.0001g)；25mL 移液管；250mL 锥形瓶；50mL 酸式滴定管；

250mL 锥形瓶；250mL 容量瓶；试剂瓶。

1∶1 H_2SO_4；1∶1 硫-磷混酸；浓硫酸；5 % $MnSO_4$；1% $AgNO_3$；

25% $(NH_4)_2S_2O_8$；10% NaCl；0.5% 二苯胺磺酸钠指示剂；

0.2%邻苯氨基苯甲酸指示剂：称取 0.2g 邻苯氨基苯甲酸溶于 100mL 0.2% Na_2CO_3溶液中。

0.008mol · L^{-1} $K_2Cr_2O_7$标准溶液。

0.05mol · $L^{-1}$$(NH_4)_2Fe(SO_4)_2$标准溶液：称取 10g$(H_4)_2Fe(SO_4)_2 \cdot 6H_2O$ 溶于 300mL 水中，慢慢加入 25mL 浓硫酸，冷却后用水稀释至 500mL，摇匀。

四、实验步骤

1. 硫酸亚铁铵标准溶液的标定

吸取配制的硫酸亚铁铵溶液 25.00mL 于 250mL 锥形瓶中，加入 10mL 1∶1 硫磷混酸，用水稀释到 100mL 左右。加入 4 滴 0.5% 二苯胺磺酸钠指示剂，以 0.008mol · L^{-1} $K_2Cr_2O_7$标准溶液滴定至溶液呈紫色且不消失，即为滴定终点，由重铬酸钾的浓度和滴定体积可计算出硫酸亚铁铵的浓度：

$$C_{Fe^{2+}} = \frac{6(C \times V)_{K_2Cr_2O_7}}{V_{(NH_4)_2Fe(SO_4)_2}} \text{mol} \cdot \text{L}^{-1}$$

2. Cr 含量的测定

准确称取约 0.1g 样品，放入 250mL 锥形瓶中，加入 20mL 1∶1 H_2SO_4摇匀，使样品溶解，加热赶走生成的 HCl，冷却后加水至 150mL 左右，加入 2 滴 5% $MnSO_4$溶液，再加入 5mL 1% $AgNO_3$和 10mL 25% $(NH_4)_2S_2O_8$溶液，加热使 Cr^{3+}氧化(此时应出现 MnO_4^-的紫红色)。继续煮沸冒大气泡，使过量的过硫酸铵分解完全，稍冷，加入 5mL 10% NaCl 溶液，再煮沸至 MnO_4^-的紫红色消失，冷却到室温，加入 10mL 1∶1 H_2SO_4和 4~5 滴 0.2% 邻苯氨基苯甲酸指示剂，用 0.05mol · $L^{-1}$$(NH_4)_2Fe(SO_4)_2$标准溶液滴定，当溶液由樱桃红色变为亮绿色，即达滴定终点，计算 Cr 的百分含量。

五、数据记录与处理

序号 记录项目	1	2	3
C_{Fe}^{2+}/(mol · L^{-1})			
W_1/g			
W_2/g			
$W_{样品}$/g			
$V_{(NH_4)_2Fe(SO_4)_2}$终读数/mL			
$V_{(NH_4)_2Fe(SO_4)_2}$初读数/mL			
$V_{(NH_4)_2Fe(SO_4)_2}$/mL			
Cr/%			
$\overline{Cr}$/%			
相对平均偏差			

注意事项

亚铁离子易被氧化，故其标准溶液不稳定，要存放至棕色瓶中避光保存，及时配制及时使用。

六、思考题

1. 样品预处理时，采用少量 Mn^{2+} 作指示剂的原理是什么？
2. 用过硫酸铵作预处理剂的优点是什么？可否用其他的试剂？
3. 反应过程中加入 NaCl 的目的是什么？

第 5 章　重量分析法

5.1　氯化钡中钡含量的测定

一、目的要求

1. 掌握晶形沉淀的沉淀条件；
2. 掌握重量分析中沉淀的过程和洗涤，沉淀的烘干与灼烧等实验技术；
3. 了解重量分析的误差来源与减免方法。

二、实验原理

$BaSO_4$重量法既可用于测定 Ba^{2+}，也可用于测定 SO_4^{2-}的含量。

称取一定量 $BaCl_2 \cdot H_2O$，用水溶解，加稀盐酸酸化，加热至微沸，在不断搅动下，慢慢地加入热、稀 H_2SO_4溶液，使 SO_4^{2-}与 Ba^{2+}作用，形成微溶于水的 $BaSO_4$沉淀。沉淀经陈化、过滤、洗涤、烘干、炭化、灰化、灼烧后，以 $BaSO_4$沉淀称重，即可求得 $BaCl_2 \cdot H_2O$ 中 Ba^{2+}的百分含量。

Ba^{2+}可生成一系列微溶化合物，如 $BaCO_3$、BaC_2O_4、$BaHPO_4$、$BaSO_4$等，其中以 $BaSO_4$溶解度最小。在 100mL 溶液中，100℃时溶解 0.4mg，25℃时仅溶解 0.25mg。当过量沉淀剂存在时，溶解度大为减小，一般可以忽略不计。

计算公式如下：

$$Ba\% = \frac{W_{沉淀} \times \frac{Ar_{Ba}}{M_{BaSO_4}} \times 100}{G_{试样}}$$

$$M_{BaSO_4} = 233.40 \qquad Ar_{Ba} = 137.3$$

硫酸钡重量法一般在 $0.05mol \cdot L^{-1}$左右的盐酸介质中进行沉淀，这是为了防止产生 $BaCO_3$、$BaHPO_4$、$BaHAsO_4$沉淀以及防止生成 $Ba(OH)_2$共沉淀。同时，适当提高酸度，增加 $BaSO_4$在沉淀过程中的溶解度，可以降低其相对过饱和度，有利于获得较好的晶形沉淀。

用 $BaSO_4$ 重量法测定 Ba^{2+} 时，一般用稀 H_2SO_4 作沉淀剂。为了使 $BaSO_4$ 沉淀完全，H_2SO_4必须过量。由于 H_2SO_4在高温下可挥发除去，故由沉淀带出的 H_2SO_4不致引起误差，因此沉淀剂可过量 50%~100%。如果用 $BaSO_4$重量法测定 SO_4^{2-}时，沉淀剂 $BaCl_2$只允许过量 20%~30%，因为 $BaCl_2$灼烧时不易挥发除去。

$PbSO_4$、$SrSO_4$的溶解度均较小，Pb^{2+}、Sr^{2+}对钡的测定有干扰。NO_3^-、ClO_3^-、Cl^-等阴离子和 K^+、Na^+、Ca^{2+}、Fe^{3+}等阳离子均可引起共沉淀现象，故应严格掌握沉淀条件，减少共沉淀现象，以获得纯净的 $BaSO_4$晶形沉淀。

三、仪器与试剂

电子天平(0.0001g)；25mL 瓷坩埚 2~3 个；定量滤纸(慢速或中速)；

淀帚一把；玻璃漏斗 2 个。

1∶1HCl；1mol · L^{-1}和 0. 1mol · $L^{-1}H_2SO_4$；0. 1%$AgNO_3$；

2mol · L^{-1}HCl；$BaCl_2$ · $2H_2O$(A. R)。

四、实验步骤

1. 瓷坩埚的准备

洗净两个瓷坩埚，晾干，然后在 800~850℃的马弗炉中灼烧至恒重。第一次灼烧 30~45min，第二次灼烧 15~20min。灼烧也可在煤气灯上进行。

2. 称样及沉淀的制备

准确称取两份 0. 4~0. 6g $BaCl_2$ · H_2O 试样，分别置于 250mL 烧杯中，加入约 100mL 水，2~3mL 2mol · L^{-1} HCl，搅拌溶解，盖上表面皿，加热近沸，但勿使溶液沸腾，以防溅失。与此同时，另取 4mL 的 1mol · $L^{-1}H_2SO_4$两份于 2 个 100mL 烧杯中，加水 30mL 加热至近沸，趁热将二份 H_2SO_4溶液分别用小滴管逐滴地加入二份热的钡盐溶液中，并用玻璃棒不断搅拌，直至两份 H_2SO_4 溶液加完为止。待 $BaSO_4$ 沉淀下沉，于上层清液中加入 1~2 滴 0. 1mol · $L^{-1}H_2SO_4$溶液，仔细观察沉淀是否完全。沉淀完全后，盖上表面皿(切勿将玻璃棒拿出杯外)，放置过夜，陈化。也可将沉淀放在水或沙浴中，保温 40min，陈化。

3. 沉淀的过滤和洗涤

用慢速或中速滤纸倾泻法过滤。用稀 H_2SO_4(将 1mL 1mol · $L^{-1}H_2SO_4$加 100mL 水配制而成)洗涤沉淀 3~4 次，每次约 10mL。然后将沉淀定量转移到滤纸上，用沉淀帚由上到下擦拭烧杯内壁，用折叠滤纸时撕下的小片滤纸擦拭杯壁，并将此小片滤纸放于漏斗中，再用稀 H_2SO_4洗涤 4~6 次，直至洗涤液中不含 Cl^-为止(检查方法：用试管收集 2mL 滤液，加 1 滴 2mol · $L^{-1}HNO_3$酸化，加入 2 滴 $AgNO_3$，若无白色混浊产生，表示 Cl^-已洗净)。

4. 沉淀

将沉淀用滤纸包好置于已恒重的瓷坩埚中，经烘干、炭化、灰化后，在 800~850℃的马弗炉中灼烧至恒重，由得到的硫酸钡重量计算试样中钡的百分含量：

五、数据记录与处理

序 号 记录项目	1	2
G_1/g		
G_2/g		
$G_{试样}$/g		
W_1/g		
W_2/g		
$W_{沉淀}$/g		
Ba/%		
$\overline{Ba}$/%		
相对平均偏差		

注意事项

1. 滤纸灰化时空气要充足，否则 $BaSO_4$ 易被滤纸的炭还原为黑色的 BaS，反应方程式为：

$$BaSO_4+4C \longrightarrow BaS+4CO\uparrow$$

$$BaSO_4+4CO \longrightarrow BaS+4CO_2\uparrow$$

2. 灼烧温度不能太高，如超过 950℃，可能有部分 $BaSO_4$ 分解，即：

$$BaSO_4 \longrightarrow BaO+SO_3\uparrow$$

六、思考题

1. 为什么要在稀、热 HCl 溶液中且不断搅拌下逐滴加入沉淀剂沉淀 $BaSO_4$？HCl 加入太多有何影响？

2. 为什么要在热溶液中沉淀 $BaSO_4$，但要在冷却后过滤？晶形沉淀为什么要陈化？

3. 什么叫倾泻过滤？为什么用洗涤液或水洗涤沉淀时都要少量、多次？

4. 什么叫灼烧至恒重？

5.2 镍盐中镍含量的测定

一、目的要求

1. 掌握丁二酮肟测镍的重量分析法；

2. 掌握重量分析实验的基本操作：沉淀、过滤、洗涤、干燥；

3. 掌握玻璃坩埚的使用方法。

二、基本原理

丁二酮肟（DMG）是一种选择性较好的沉淀剂，只与 Ni^{2+}、Pb^{2+}、Fe^{2+} 生成沉淀。Ni 与 DMG 形成的沉淀是鲜红色的。

$$Ni^{2+}+2HDMG \xrightarrow{\text{氨性缓冲溶液}} Ni(DMG)_2+2H^+$$

沉淀在 HAc-NaAc 缓冲溶液和氨性缓冲溶液中是完全的，其中 HAc-NaAc 缓冲溶液应用于 Ni 合金中含 Zn、Fe、Mn 时，氨性缓冲溶液主要应用于合金中含 Cr 时，本实验采用氨性缓冲溶液。

丁二酮肟在溶液中存在平衡：$H_2DMG \rightleftharpoons HDMG^- \rightleftharpoons DMG^{2-}$，其中只有 $HDMG^-$ 与 Ni^{2+} 反应完全，此时 pH 值为 7.0～10.0。因此，通常在 pH＝8～9 的氨性缓冲溶液中进行沉淀，Ni 的含量通过沉淀的重量来计算。

计算公式如下：

$$Ni\% = \frac{W_{\text{沉淀}} \times \dfrac{Ar_{Ni}}{M_{NiC_8H_{14}N_4O_8}}}{G_{\text{试样}}} \times 100\%$$

$$M_{NiC_8H_{14}N_4O_8}=288.93 \quad Ar_{Ni}=58.69$$

对于样品中的杂质 Fe^{3+}、Al^{3+}、Cr^{3+}、Zn^{2+}、Ca^{2+}、Mg^{2+}，由于在氨性溶液中易产生沉

淀，故在溶液调至碱性前，加入柠檬酸或酒石酸，使之生成稳定络合物以消除干扰。

三、仪器与试剂

玻璃坩埚；定量滤纸(慢速或中速)；淀帚(一把)；玻璃漏斗；400mL 烧杯。

1∶1HCl；1∶1 氨水；0.1%$AgNO_3$；2mol·$L^{-1}HNO_3$；1%丁二酮肟乙醇；50%酒石酸。

四、实验步骤

1. 玻璃坩埚的准备(洗净、烘干、恒重)。

2. 准确称取 Ni 盐溶液于400mL 烧杯中，加入 40mL 水稀释。然后加入 50%酒石酸 5mL，在不断搅拌下滴加 1∶1 氨水呈弱碱性(溶液由绿色转为蓝绿色)。然后用 2mL 1∶1HCl 酸化，用热水稀释至 200mL。用水浴加热至 70~80℃，在不断搅拌下加入 1%丁二酮肟乙醇溶液 30mL 以沉淀 Ni。然后在不断搅拌下，滴加 1∶1 氨水，使溶液 pH 值为 8~9。在 60~70℃保温 30~40min，取下。稍冷后，用已恒重的玻璃坩埚过滤，滤液中加沉淀剂检查镍是否沉淀完全。若有沉淀生成，再加 5mL 沉淀剂。过滤时应先让坩埚装溶液至 1/2 处，然后把沉淀全部转移到坩埚内。用热水(40~50℃，不宜超过 50℃)洗涤沉淀 8~10 次，直至溶液中不再含有 Cl^-为止(滤液用 HNO_3酸化后用 $AgNO_3$检验)。将玻璃坩埚连同沉淀在 130~150℃下烘干 1h，冷却，称重，再烘干至恒重。同时做二份，根据丁二酮肟镍沉淀的重量，计算试样中镍的百分含量。

五、数据记录与处理

记录项目＼序号	1	2
G_1/g		
G_2/g		
$G_{试样}$/g		
W_1/g		
W_2/g		
$W_{沉淀}$/g		
Ni/%		
$\overline{Ni}$/%		
相对平均偏差		

注意事项

1. 在酸性溶液中加入沉淀剂，再滴加氨水使溶液的 pH 值逐渐升高，沉淀随之慢慢析出，这样能得到颗粒较大的沉淀。

2. 溶液温度不能过高，否则乙醇挥发太多，引起丁二酮肟本身沉淀，且高温下酒石酸能部分还原 Fe^{3+}为 Fe^{2+}，产生干扰。

六、思考题

1. 在什么条件下沉淀 Ni^{2+}？如何调节 pH 值？pH 值控制不当有何影响？
2. 测定时有哪些离子干扰？用什么方法消除干扰？
3. 在做 Ni 的重量法测定中如何检查 Ni^{2+}的沉淀是否完全？
4. 玻璃坩埚为什么要恒重？过滤镍的沉淀时为什么溶液只能装至玻璃坩埚的 1/2 处？

第6章 综合性实验

6.1 HCl和NH_4Cl混合溶液中各组分含量的测定

一、实验目的

1. 学会运用酸碱滴定法测定混合酸溶液中各组分含量的方法；
2. 学会间接滴定方式在实际分析中的应用；
3. 学会复杂情况下指示剂的选择和终点时颜色的正确判断。

二、实验原理

HCl是强酸，可用NaOH标准溶液直接滴定；NH_4Cl是极弱酸，不能用NaOH标准溶液直接滴定，但可用甲醛法进行间接测定。在测定HCl时，共存的NH_4Cl对滴定没有影响，但影响终点时溶液的pH值，所以测定HCl时选用甲基红作指示剂；甲醛法测定NH_4Cl，终点时生成六次甲基四胺，溶液呈碱性，所以选用酚酞作指示剂。相关的反应方程式和计算公式如下：

$$HCl+NaOH = NaCl+H_2O$$

$$4NH_4^+ + 6HCHO = (CH_2)_6N_4H^+ + 3H^+ + 6H_2O$$

$$C_{HCl} = \frac{C_{NaOH} \times V_{1(NaOH)}}{25.00} \text{mol/L}$$

$$C_{NH_4Cl} = \frac{C_{NaOH} \times (V_2 - V_1)_{NaOH}}{25.00} \text{mol/L}$$

三、仪器与试剂

25mL移液管；50mL碱式滴定管；100mL烧杯；250mL锥形瓶。

0.1mol · L^{-1}NaOH标准溶液；甲醛溶液(约36%)；

0.2%甲基红指示剂；0.2%酚酞指示剂。

四、实验步骤

1. 甲醛溶液中微量酸的处理

取约36%的甲醛溶液12mL，用水稀释一倍，加酚酞指示剂4滴，用NaOH标准溶液滴定至溶液变为微红色即可(此NaOH溶液用量不需计量)。

2. 混合溶液各组分含量的测定

准确移取25.00mL混合样品，加入3滴甲基红指示剂，用NaOH标准溶液滴定至溶液正好变黄为第一终点，记下滴定的体积数V_1；再加入20%的甲醛溶液8mL，摇匀，反应1min，加入4滴酚酞指示剂，继续用NaOH标准溶液滴定至溶液由红变至黄，再最终变为橙色为第二终点，记下滴定的体积数 V_2。平行测定三份，分别计算两者的浓度。

五、数据记录与处理

记录项目 \ 序号	1	2	3
混合碱液	25.00mL	25.00mL	25.00mL
$C_{NaOH}/(mol \cdot L^{-1})$			
$V_{1(NaOH)}$终读数/mL			
V_{NaOH}初读数/mL			
$V_{1(NaOH)}$/mL			
$V_{2(NaOH)}$/mL			
$V_{2(NaOH)}-V_{1(NaOH)}$/mL			
$C_{HCl}/(mol \cdot L^{-1})$			
$\overline{C}_{HCl}/(mol \cdot L^{-1})$			
相对平均偏差			
$C_{NH_4Cl}/(mol \cdot L^{-1})$			
$\overline{C}_{NH_4Cl}/(mol \cdot L^{-1})$			
相对平均偏差			

注意事项

1. 第一终点的颜色判断

甲基红指示剂过渡色不明显，所以到终点时要注意滴加速度和颜色的判断，防止第一终点过头，使 HCl 的测定结果偏高。

2. 第二终点的颜色判断

此时溶液中有两种指示剂同时存在，随着滴定过程的进行，会显示各自的颜色，此时要会判断终点时两种颜色的混合色——淡橙色。橙色太深，会使第二终点过头。

3. 为使终点颜色容易判断，可以自制一份对比色：

取约 50mL 的水，加入 1 滴 NaOH 标准溶液，再加入 3 滴甲基红指示剂，摇匀即可。

六、思考题

1. 本实验可否先用甲基红作指示剂，用 NaOH 滴定 HCl 的量；然后另取一份，用甲醛处理后，直接用酚酞作指示剂，用 NaOH 滴定总酸量，然后利用差减法求出铵盐的量？

2. 第二终点若不用对比色，往往橙色会看得太深，对结果有何影响？

6.2 HCl 和 H_3BO_3 混合溶液中各组分含量的测定

一、实验目的

1. 学会运用酸碱滴定法测定混合酸溶液中各组分含量的方法；

2. 学会弱酸强化在酸碱滴定分析中的应用；

3. 学会复杂情况下指示剂的选择和终点时颜色的正确判断。

二、实验原理

HCl 是强酸，可用 NaOH 标准溶液直接滴定；H_3BO_3是极弱酸，不能用 NaOH 标准溶液直接滴定，但可加入含邻羟基的有机物(如甘露醇或甘油)，使其与硼酸根形成稳定的络合物，从而增加硼酸在水溶液中解离使硼酸转变为中强酸(如加入甘露醇，生成的酸的 pK_a = 4.26)，再用 NaOH 标准溶液直接滴定。在测定 HCl 时，共存的 H_3BO_3对滴定没有影响，但影响终点时溶液的 pH 值，所以测定 HCl 时选用甲基红作指示剂；硼酸强度提高后，滴定时可选用酚酞作指示剂。

相关的反应方程式和计算公式如下：

$$HCl+NaOH = NaCl+H_2O$$

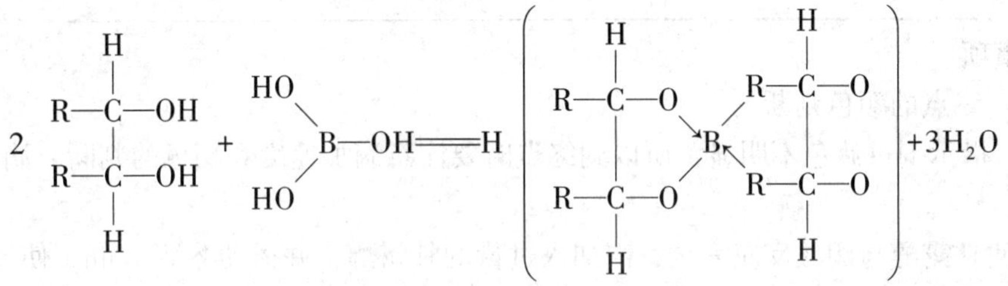

$$2\begin{matrix} H \\ | \\ R—C—OH \\ | \\ R—C—OH \\ | \\ H \end{matrix} + \begin{matrix} HO \\ \quad \backslash \\ \quad B—OH \\ \quad / \\ HO \end{matrix} = H\left[\begin{matrix} H & & H \\ | & & | \\ R—C—O & & R—C—O \\ | \quad \searrow & B & \swarrow \quad | \\ R—C—O & & R—C—O \\ | & & | \\ H & & H \end{matrix}\right] + 3H_2O$$

$$C_{HCl} = \frac{C_{NaOH} \times V_{1(HCl)}}{25.00} mol \cdot L^{-1}$$

$$C_{H_3BO_3} = \frac{C_{NaOH} \times (V_2 - V_1)_{HCl}}{25.00} mol \cdot L^{-1}$$

三、仪器与试剂

50mL 碱式滴定管；25mL 移液管；250mL 锥形瓶；0.1mol · L^{-1} NaOH 标准溶液；6%甘露醇溶液；0.2%甲基红指示剂；0.2%酚酞指示剂。

四、实验步骤

准确移取 25.00mL 混合样品，加入 3 滴甲基红指示剂，用 NaOH 标准溶液滴定至溶液橙色为第一终点，记下滴定的体积数 V_1；再加入甘露醇溶液 10mL，摇匀，反应 1min，加入 4 滴酚酞指示剂，继续用 NaOH 标准溶液滴定至溶液由红变至黄，最终变为橙色为第二终点，记下此时的体积数 V_2。平行测定三份，分别计算两者的浓度。

五、数据记录和处理

序号 记录项目	1	2	3
C_{NaOH}/(mol · L^{-1})			
混合液取样量	25.00mL	25.00mL	25.00mL
$V_{1(NaOH)}$终读数/mL			
V_{NaOH}初读数/mL			
$V_{1(NaOH)}$/mL			

续表

记录项目 \ 序号	1	2	3
$V_{2(NaOH)}$/mL			
$V_{2(NaOH)}-V_{1(NaOH)}$/mL			
$C_{HCl}/(mol \cdot L^{-1})$			
$\overline{C}_{HCl}/(mol \cdot L^{-1})$			
相对平均偏差			
$C_{H_3BO_3}/(mol \cdot L^{-1})$			
$\overline{C}_{H_3BO_3}/(mol \cdot L^{-1})$			
相对平均偏差			

注意事项

1. 第一终点的颜色判断

甲基红指示剂过渡色不明显，所以到终点时要注意滴加速度和颜色的判断，滴到橙色为第一终点。

2. 为使甘露醇与硼酸反应完全，需加入过量的甘露醇，并摇动溶液1min，使反应完全。

3. 第二终点的颜色判断

当溶液中有两种指示剂同时存在，随着滴定过程的进行，会显示各自的颜色，此时要会判断终点时两种颜色的混合色——明显的淡橙色。橙色太深，会使第二终点过头。

六、思考题

1. 本实验可否先用甲基红作指示剂，用 NaOH 滴定 HCl 的量；然后另取一份，用甘露醇处理后，直接用酚酞作指示剂，用 NaOH 滴定总酸量，然后利用差减法求出硼酸的量？

2. 硼酸的强化，除了用甘露醇外，还可以用什么物质也有同样的作用？

6.3 食品中蛋白质含量测定（甲醛法）

一、目的与要求

1. 学习甲醛法测定蛋白质的原理；

2. 掌握样品的消化处理、滴定及蛋白质含量计算。

二、实验原理

蛋白质是构成人体结构的主要成分，其含量仅次于水，约占人体重的五分之一。食物蛋白质按其不同来源可分为动物性蛋白和植物性蛋白两大类。动物性蛋白质主要来源于鱼、虾、禽肉、畜肉、蛋类及牛奶等。植物性蛋白质主要来源于豆类、谷类、根茎类、干果、坚果等。

氮是构成蛋白质的特有元素，根据含氮量可以换算出食品中蛋白质的含量。

将样品与浓硫酸一起加热消化，使蛋白质分解形成硫酸铵。然后用高浓度的氢氧化钠对消化液进行预处理，滴定去掉酸液。然后加入甲醛溶液与 NH_4^+ 反应，产物再用 0.1$mol \cdot L^{-1}$ 氢氧化钠标准溶液滴定。将计算结果乘以相应的蛋白质换算系数，即得该食物所含蛋白质的含量。因为食品中除蛋白质外，还含有其他含氮物质，所以此蛋白质称为粗蛋白。

相关的反应方程式和计算公式如下：

$$4NH_4^+ + 6HCHO = (CH_2)_6N_4H^+ + 3H^+ + 6H_2O$$

$$蛋白质\% = \frac{(V_1 - V_2) \times C \times 0.0140}{\frac{m}{100} \times 10} \times F \times 100\%$$

式中　C——氢氧化钠标准溶液浓度，$mol \cdot L^{-1}$；

V_1——样品滴定消耗氢氧化钠标准溶液体积，mL；

V_2——空白滴定消耗氢氧化钠标准溶液体积，mL；

m——样品的质量 g；

F——氮换算为蛋白质的系数。

一般食物为 6.25；乳制品为 6.38；面粉为 5.70；高粱、玉米为 6.24；花生为 5.46；大米为 5.95；大豆及其粗加工制品为 5.71；大豆蛋白制品为 6.25；肉与肉制品为 6.25；大麦、小米、燕麦、裸麦为 5.83；芝麻、向日葵 5.30；菌类为 4.38；复合配方食品 6.25；计算结果保留三位有效数字。

三、仪器与试剂

电子天平(0.0001g)；100mL 容量瓶；10mL 移液管；各种食物样品；

浓硫酸；过氧化氢；0.2%甲基红指示剂；0.2%酚酞指示剂；

0.1mol · L^{-1}HCl 标准溶液；0.5mol · L^{-1}NaOH 溶液；

0.1mol · L^{-1}NaOH 标准溶液；甲醛溶液(~36%)。

四、实验步骤

1. 样品消化

取相应的测定样品，进行前处理。然后在分析天平上准确称取约 1.0g 左右样品于干净的锥形瓶中，加入 5mL 浓硫酸，在电炉上小心加热使样品消解炭化。待内容物全部炭化，取下稍冷后，沿壁缓慢滴加硫酸和过氧化氢的混合液(1∶4)约 10mL。期间及时加热，待一定时间后样品由黑色变为无色。最后再加热 2min，除去过氧化氢。冷却后，小心缓慢地沿壁加入 20mL 蒸馏水(放热反应)，摇匀，待冷却至室温后完全转移至 100mL 容量瓶中(期间注意冷却)，用蒸馏水定容至刻度，摇匀备用。

2. 甲醛处理

取甲醛原液 8mL 加等体积的水稀释后，加 2 滴酚酞指示剂，用 0.1mol · L^{-1}NaOH 标准溶液滴定至微红色即可(不计量)。

3. 蛋白质的测定

准确移取稀释后的样品溶液 10mL 于锥形瓶中，加入 20mL 蒸馏水，甲基红指示剂 2 滴，先用 0.5mol · L^{-1}NaOH 溶液滴定过剩的硫酸至橙色(若 NaOH 滴过量，可用 0.1mol · L^{-1}HCl 标准溶液返滴至橙色)。再用 0.1mol · L^{-1}NaOH 标准溶液滴定至溶液由红色变为黄色(此两步均为预处理除去酸，不计量)。加入甲醛稀释液 5mL，强力振摇 0.5min，再放置 1min 以上。然后加入酚酞指示剂 3 滴，用 0.1mol · L^{-1}NaOH 标准溶液滴定至溶液由黄色变为淡橙色，30s 不褪色即为终点，记录滴定所消耗的 0.1mol · L^{-1}NaOH 溶液的体积数。平行测定三份，同时在同一条件下做空白试验对照，用公式计算该样品的含氮量。

五、数据记录和处理

序　号 / 记录项目	1	2	3
样品名称			
样品质量/g			
V_{NaOH}终读数/mL			
V_{NaOH}始读数/mL			
V_{NaOH}/mL			
蛋白质/%			
蛋白质/%			
相对平均偏差			

注意事项

1. 消化时，若样品含糖高或含脂较多时，注意控制加热温度，以免大量泡沫喷出锥形瓶，造成样品损失，并及时补加少量浓硫酸。

2. 消化时应注意经常轻轻摇动锥形瓶，防止样品结块粘底，并将附在瓶壁上的碳粒冲下，使样品彻底消化。若样品不易消化至澄清透明，可将溶液稍稍冷却，加入数滴过氧化氢后，再继续加热消化至完全。

3. 用高浓度的氢氧化钠溶液除去过剩的硫酸时要注意控制滴定量，以免过量。

六、思考题

1. 如何确定不同食品的称样重量？不同食品消解现象有何不同？

2. 消解时使用的过氧化氢有什么作用？

3. 用高浓度的 NaOH 处理消解样品时，为什么不能过量？若不慎过量，用 0.1mol · L^{-1} HCl 处理时对滴定结果是否有影响？

6.4　HCl-$FeCl_3$样品中各含量的测定

一、实验目的

1. 学会利用络合掩蔽法消除 Fe 对 HCl 测定的干扰；

2. 学会复杂情况下指示剂的选择和终点颜色的正确判断；

3. 学会氧化还原滴定前的预处理方法。

二、实验原理

在 HCl-$FeCl_3$混合样品中，HCl 的测定可利用酸碱滴定法用 0.1mol · L^{-1}NaOH 标准溶液滴定。由于 Fe^{3+}的存在对 HCl 的测定有干扰，可加入中性的 CaY 溶液，由于 $\lg K_{FeY} > \lg K_{CaY}$，

可发生置换反应，反应完全并对溶液的酸度没有影响，故可消除其干扰。由于 FeY 络合物为黄色，为了使终点颜色变化明显便于判断，选用 1∶1 的 0.2%的中性红-亚甲基蓝混合指示剂，颜色从蓝红变为绿色，变色点 pH 值为 7.0。

混合样品中 $FeCl_3$的测定可选用重铬酸钾法。在磷酸介质中，用还原剂 $SnCl_2$和 $TiCl_3$将 Fe^{3+}还原为 Fe^{2+}，用二苯胺磺酸钠为指示剂，重铬酸钾标准溶液滴定至紫色为终点。

相关的反应方程式和计算公式如下：

$$Cr_2O_7^{2-}+Fe^{3+}+H^+ \longrightarrow Cr^{3+}+Fe^{2+}+H_2O$$

$$C_{HCl}=\frac{C_{NaOH}\times V_{NaOH}}{25.00}\text{mol}\cdot\text{L}^{-1}$$

$$C_{FeCl_3}=\frac{C_{K_2Cr_2O_7}V_{K_2Cr_2O_7}\times 6}{25.00}\text{mol}\cdot\text{L}^{-1}$$

三、仪器与试剂

电子天平(0.0001g)；小烧杯；250mL 容量瓶；25mL 移液管；

50mL 酸式滴定管和碱式滴定管；250mL 锥形瓶。

0.2%中性红-亚甲基蓝(1∶1)；0.15mol · L^{-1}CaY 溶液；

0.1mol · L^{-1}NaOH 标准溶液；1∶1 硫磷混酸；1∶1HCl；10%$SnCl_2$；

1.5%$TiCl_3$；10%钨酸钠；0.5%二苯胺磺酸钠；

约 0.0037mol · $L^{-1}$$K_2Cr_2O_7$标准溶液。

注：10%$SnCl_2$溶液和 1.5%$TiCl_3$溶液易被氧化失效，故应在实验进行前临时配制，及时使用。

四、实验步骤

1. $K_2Cr_2O_7$标准溶液的配制

准确称取基准物质 $K_2Cr_2O_7$ 0.27~0.29g 于干净的 100mL 小烧杯中，加入约 30mL 水使 $K_2Cr_2O_7$完全溶解，转移入干净的 250mL 容量瓶，稀释到刻度线，摇匀即可。用下式计算 $K_2Cr_2O_7$的浓度：

$$C_{K_2Cr_2O_7}=\frac{W_{K_2Cr_2O_7}\times 1000}{M_{K_2Cr_2O_7}\times 250}\text{mol}\cdot\text{L}^{-1}$$

$$M_{K_2Cr_2O_7}=294.2$$

2. HCl 的测定

准确移取 25.00mL 混合溶液，加入 10mL 0.15mol · L^{-1}CaY 溶液，摇匀，放置 1min，加入混合指示剂 4 滴，用 0.1mol · L^{-1}NaOH 标准溶液滴定至紫红色消失为终点，记录滴定所用 NaOH 溶液的体积数。平行测定三份，用公式计算混合液中 HCl 的浓度。

3. $FeCl_3$的测定

准确移取 25.00mL 混合溶液，加入 1∶1 硫磷混酸 5mL，1∶1HCl 10mL，加热至轻微有雾，此时溶液黄色加深，趁热(>60℃)滴加 10%$SnCl_2$至溶液黄色变得更浅(不能是无色)，用自来水流水冷却。加入 10%钨酸钠 6 滴，再慢慢滴加 1.5%$TiCl_3$至溶液为浅蓝色，加入 50mL 水，摇匀，放置 1min，使蓝色褪去(若不褪色，可用 $K_2Cr_2O_7$标准溶液滴定褪去，此反

应较慢，注意不能多滴，以免使滴定结果偏低）。加入 0.5%二苯胺磺酸钠指示剂 4 滴，用 $K_2Cr_2O_7$标准溶液滴定至溶液变为紫红色不褪为终点，记录滴定所用 $K_2Cr_2O_7$溶液的体积数。平行测定三份，用公式计算混合液中 $FeCl_3$的浓度。

五、数据记录与处理

1. HCl 的测定

序号 记录项目	1	2	3
$C_{NaOH}/(mol \cdot L^{-1})$			
混合液取样量	25.00mL	25.00mL	25.00mL
V_{NaOH}终读数/mL			
V_{NaOH}初读数/mL			
V_{NaOH}/mL			
$C_{HCl}/(mol \cdot L^{-1})$			
$\overline{C}_{HCl}/(mol \cdot L^{-1})$			
相对平均偏差			

2. $FeCl_3$ 的测定

序号 记录项目	1	2	3
$C_{K_2Cr_2O_7}/(mol \cdot L^{-1})$			
混合液取样量	25.00mL	25.00mL	25.00mL
$V_{K_2Cr_2O_7}$终读数/mL			
$V_{K_2Cr_2O_7}$初读数/mL			
$V_{K_2Cr_2O_7}$/mL			
$C_{FeCl_3}/(mol \cdot L^{-1})$			
$\overline{C}_{FeCl_3}/(mol \cdot L^{-1})$			
相对平均偏差			

注意事项

1. 混合溶液中加入 CaY 络合物后溶液会由浅黄色变深，这是置换反应发生后生成的 FeY 络合物的颜色。

2. 第一终点的颜色为绿色，判断时要注意分辨。

3. 由于含 Fe^{3+}量少，用 $SnCl_2/TiCl_3$预处理时，要注意滴加的量要少，速度要慢，否则易使 $SnCl_2$加过量，导致实验失败。

六、思考题

1. 测定 HCl 时，共存的 Fe^{3+}有没有影响？为什么要加入 CaY 络合物？

2. 第一终点时，为什么要使用混合指示剂？能否用单一指示剂，如甲基橙、甲基红或酚酞？

3. 若不用 $K_2Cr_2O_7$去除“钨蓝”，对测定结果有何影响？若去除“钨蓝”用了太多的 $K_2Cr_2O_7$，对结果又有何影响？

6.5 Fe^{3+}、Al^{3+} 混合液的连续测定

一、实验目的

1. 掌握指示剂磺基水杨酸的适用条件；
2. 掌握返滴定法测定 Al 的方法原理。

二、实验原理

Fe^{3+}、Al^{3+}均能与 EDTA 形成稳定的 1∶1 络合物，其 $\lg K_{稳}$值分别为 25.10 和 16.30。但是在相应酸度条件下，两者均对二甲酚橙指示剂有封闭效应，且 Al 与 EDTA 的络合速度很慢，并在酸度不高时会水解生成一系列多核氢氧基络合物，对滴定不利。故不能用二甲酚橙作指示剂用 EDTA 直接滴定 Fe^{3+}和 Al^{3+}。

可在 pH=1.2~2.2 条件下以磺基水杨酸作指示剂，用 EDTA 直接滴定 Fe^{3+}。然后用 HAc-NaAc 缓冲液调节溶液的 pH≈3.5，再准确加入过量的 EDTA，煮沸 3~5min，使 Al^{3+}与 EDTA 完全络合，冷却至室温，再加入六次甲基四胺缓冲液，调节溶液的 pH≈4.2，以二甲酚橙作指示剂，用 0.02mol·L^{-1} Zn^{2+}标准溶液返滴定过量的 EDTA，从而测得 Al^{3+}的含量。

计算公式如下：

$$C_{Fe^{3+}}=\frac{C_{EDTA}\times V_{1(EDTA)}}{25.00}\text{mol}\cdot L^{-1}$$

$$C_{Al^{3+}}=\frac{C_{EDTA}\times 25.00-C_{Zn^{2+}}\times V_{2(Zn^{2+})}}{25.00}\text{mol}\cdot L^{-1}$$

三、实验试剂

0.02mol·L^{-1} EDTA 标准溶液；0.02mol·L^{-1} Zn^{2+}标准溶液；

10%磺基水杨酸；0.2%二甲酚橙指示剂；20%六次甲基四胺；

HAc-NaAc 缓冲液(pH≈4.2)：将 32g 无水 NaAc 溶于水中，再加入 50mL 冰醋酸，用水稀释至 1L 即可。

四、实验步骤

准确移取 Fe^{3+}、Al^{3+}混合液 25.00mL 于锥形瓶中，加热至 50~60℃，然后加入 10%磺基水杨酸 5 滴，用 0.02mol·L^{-1} EDTA 标准溶液滴定至溶液由紫红色变为亮黄色时即为终点，记录滴定消耗的 EDTA 的体积数 V_1。平行测定三次，用公式计算 Fe^{3+}的浓度。

在滴定 Fe^{3+}后的溶液中，加入 HAc-NaAc 缓冲液 10mL，调节溶液的 pH≈3.5，再准确加入 25.00mL 0.02mol·L^{-1} EDTA 标准溶液，加热并保持沸腾 3min，冷却至室温，再加 20%六次甲基四胺 10mL 加 6 滴二甲酚橙指示剂，用 Zn^{2+}标准溶液返滴定至溶液由黄色变为橙色即为终点，记录滴定消耗的 Zn^{2+}标准溶液的体积数 V_2。平行测定三份，根据加入 EDTA 标准溶液的量和返滴定消耗 Zn^{2+}标准溶液的量，求出 Al^{3+}的浓度。

五、数据记录与处理

1. Fe^{3+}的测定

记录项目 \ 序号	1	2	3
$C_{EDTA}/(mol \cdot L^{-1})$			
混合液取样量	25.00mL	25.00mL	25.00mL
$V_{1(EDTA)}$终读数/mL			
$V_{1(EDTA)}$初读数/mL			
$V_{1(EDTA)}$/mL			
$Fe^{3+}/(mol \cdot L^{-1})$			
$\overline{Fe^{3+}}/(mol \cdot L^{-1})$			
相对平均偏差			

2. Al^{3+}的测定

记录项目 \ 序号	1	2	3
$C_{EDTA}/(mol \cdot L^{-1})$			
$C_{Zn^{2+}}/(mol \cdot L^{-1})$			
$V_{EDTA}/(mol \cdot L^{-1})$	25.00mL	25.00mL	25.00mL
$V_{2(Zn^{2+})}$终读数/mL			
$V_{2(Zn^{2+})}$初读数/mL			
$V_{2(Zn^{2+})}$/mL			
$Al^{3+}/(mol \cdot L^{-1})$			
$\overline{Al^{3+}}/(mol \cdot L^{-1})$			
相对平均偏差			

注意事项

1. 用 EDTA 滴定 Fe^{3+}时，pH 值控制在 1.2~2.2，若 pH<1.2，络合不完全；pH>3 时，Al^{3+}有干扰，使结果偏高。

2. 滴定 Fe^{3+}时，近终点时应放慢速度。因终点的颜色与铁的含量多少有关，当含铁量较低时，终点为淡黄色。所以滴定至淡紫色时，每加入一滴，应摇动片刻，必要时再加热（滴定液应在约 60℃），小心滴定至亮黄色。否则易使终点过量，使 Fe 的结果偏高，而 Al 的结果偏低。

六、思考题

1. 络合滴定法测定 Fe^{3+}的酸度条件是多少？为什么不用二甲酚橙作指示剂？

2. 测定 Al^{3+}采用的是什么方法？为什么不直接用 EDTA 滴定 Al^{3+}？滴定的合适酸度范围是多少？

3. 测定 Al^{3+}时，调节溶液的 pH≈3.5 的目的是什么？加入 25.00mL 0.02mol · L^{-1}EDTA 标准溶液后，为什么要加热并保持沸腾 3min？

6.6 络合滴定法测定铜合金中铜和锌的含量

一、实验目的

1. 掌握合金样品的分解处理；
2. 掌握掩蔽法在络合滴定中的使用；
3. 掌握 PAN 指示剂的适用条件及颜色判断；

二、实验原理

铜合金中除了含有铜以外，还有部分其他金属和微量非金属。本实验测定的铜合金主要含有铜和锌，可用硝酸分解样品，共存的其他组分对测定不干扰。铜和锌均能与 EDTA 形成稳定的 1∶1 络合物，在相应酸度条件下，可采用合适的指示剂用 EDTA 标准溶液进行滴定分析。由于铜和锌与 EDTA 络合物的稳定常数接近，所以测定的酸度条件一致。在 pH~5 时，由于铜-EDTA 络合物显蓝色，且铜与二甲酚橙不络合，故使用 PAN 指示剂(此指示剂也能与锌离子络合)，用 EDTA 滴定铜和锌的总量，终点呈现蓝绿色。测定锌的分量时，可用硫脲掩蔽铜，用 EDTA 滴定，用二甲酚橙指示终点至亮黄色。

计算公式如下：

$$Zn\% = \frac{C_{EDTA} \times V_{1(EDTA)} \times Ar_{Zn}}{\frac{m_s}{10} \times 1000} \times 100\% \qquad Ar_{Zn} = 65.38$$

$$Cu\% = \frac{C_{EDTA} \times (V_2 - V_1)_{EDTA} \times Ar_{Cu}}{\frac{m_s}{10} \times 1000} \times 100\% \qquad Ar_{Cu} = 63.55$$

三、实验试剂

1∶1HNO_3；约 0.02mol·L^{-1}EDTA 标准溶液；

0.2%二甲酚橙指示剂；0.1%PAN 乙醇溶液；

0.25mol·L^{-1}硫脲溶液；HAc-NaAc 缓冲液(pH≈5.0)。

四、实验步骤

1. 样品溶液的制备

准确称取铜合金 0.5~0.55g 于 100mL 小烧杯中，加入 1∶1$HNO_3$4mL，盖上表面皿，加热溶解完全，冷却后转移入 250mL 容量瓶中。

2. 锌含量的测定

准确移取样品溶液 25.00mL 于锥形瓶中，加入 0.25mol·L^{-1}硫脲溶液 20mL，摇匀，再加入 HAc-NaAc 缓冲液 10mL，3 滴 0.2%二甲酚橙指示剂，用 0.02mol·L^{-1}EDTA 标准溶液滴定至溶液由酒红色变为亮黄色时即为终点。记录滴定消耗的 EDTA 的体积 V_1。平行测定三次，用公式计算 Zn 的百分含量。

3. 铜含量的测定

另外移取样品溶液 25.00mL 于锥形瓶中，加入 HAc-NaAc 缓冲液 10mL，6 滴 PAN 指示剂，加热至 60~80℃，用 0.02mol · L^{-1}EDTA 标准溶液滴定至溶液由紫红色变为蓝绿色即为终点。记录滴定消耗的 EDTA 的体积 V_2。平行测定三次，用公式计算 Cu 的百分含量。

五、数据记录与处理

1. Zn^{2+}的测定

记录项目 \ 序号	1	2	3
C_{EDTA}/(mol · L^{-1})			
混合液取样量	25.00mL	25.00mL	25.00mL
$V_{1(EDTA)}$终读数/mL			
$V_{1(EDTA)}$初读数/mL			
$V_{1(EDTA)}$/mL			
Zn/%			
相对平均偏差			

2. Cu^{2+}的测定

记录项目 \ 序号	1	2	3
C_{EDTA}/(mol · L^{-1})			
混合液取样量	25.00mL	25.00mL	25.00mL
$V_{2(EDTA)}$终读数/mL			
$V_{2(EDTA)}$初读数/mL			
$V_{2(EDTA)}$/mL			
Cu/%			
相对平均偏差			

六、注意事项

1. 样品要溶解完全，但加热温度不能太高，防止有溅失。

2. 使用 PAN 指示剂要防止指示剂的僵化，所以滴定前要加热。

3. Cu-PAN 呈现紫红，PAN 显黄色，CuY 显蓝色，终点时呈现蓝色和黄色的混合色为绿色。本实验样品中含铜量高，CuY 蓝色深，故测定终点色以蓝绿色为好。

4. 测定含锌量时选用二甲酚橙作指示剂，在测定酸度时，应显示酒红色。若是橙色，说明酸度太高，锌与指示剂络合不够。终点色为亮黄色，滴定时过渡色较长，注意观察判断，防止滴定过量，使锌的结果偏高，而铜的结果偏低。

七、思考题

1. 络合滴定法测定 Cu^{2+}的酸度条件是多少？为什么不用二甲酚橙作指示剂？

2. 掩蔽 Cu^{2+}除了硫脲还可以用什么试剂？使用硫脲，应该注意什么？

6.7 蛋壳中 Ca、Mg 总量的测定

方法Ⅰ 酸碱滴定法测定蛋壳中 CaO 的含量

一、实验目的

1. 学习用酸碱滴定方法测定 $CaCO_3$ 的原理及指示剂选择；
2. 巩固滴定分析基本操作。

二、实验原理

蛋壳中钙主要以 $CaCO_3$ 形式存在，同时也有很少量 $MgCO_3$。还有蛋白质、色素以及少量的 Fe、Al。碳酸盐能与 HCl 发生如下反应：

$$CaCO_3+2H^+ \longrightarrow Ca^{2+}+CO_2\uparrow+H_2O$$

$$MgCO_3+2H^+ \longrightarrow Mg^{2+}+CO_2\uparrow+H_2O$$

因此可以利用返滴定法测定 $CaCO_3$ 和 $MgCO_3$ 的量。过量的酸可用 NaOH 标准溶液回滴。可以以 CaO 的含量表示蛋壳中 Ca、Mg 的总量。

计算公式如下：

$$CaO(\%)=\frac{(C_{HCl}\times V_{HCl}-C_{NaOH}\times V_{NaOH})\times\frac{M_{CaO}}{2000}}{W_{样品}}\times 100\%$$

$M_{CaO}=56.08$

三、仪器与试剂

电子天平(0.0001g)；250mL 锥形瓶；50mL 滴定管；10mL 移液管；

浓 HCl(A.R)；0.1%甲基橙；基准物质 Na_2CO_3；0.1mol·L^{-1}NaOH 标准溶液。

四、实验步骤

1. 0.5mol·L^{-1}HCl 配制

用量筒量取浓盐酸 21mL 于 500mL 试剂瓶中，用蒸馏水稀释至 500mL，摇匀，用基准物 Na_2CO_3 标定其准确浓度。

2. 蛋壳预处理

先将蛋壳洗净，加水煮沸 5~10min，去除蛋壳内表层的蛋白薄膜，然后把蛋壳放于烧杯中用小火烤干，研成粉末。

3. CaO 含量测定

准确称取经预处理的蛋壳粉 0.18~0.22g 于三个锥形瓶内，用移液管准确加入已标定好的 0.5mol·L^{-1}HCl 标准溶液 10.00mL，轻轻摇动防止粘底。小火加热溶解(由于酸较稀，溶解时需加热一定时间，试样中有不溶物，如蛋白质等，但不影响测定)，保持微沸 5min。冷却后加入 25mL 去离子水，加入甲基橙指示剂 1~2 滴，以 0.1mol·L^{-1}NaOH 标准溶液回滴

至橙黄色。记录所耗的 NaOH 标准溶液的体积数，计算蛋壳中 CaO 的含量。

五、数据记录与处理

记录项目 \ 序号	1	2	3
C_{HCl}/(mol·L^{-1})			
C_{NaOH}/(mol·L^{-1})			
W_1/g			
W_2/g			
$W_{样品}$/g			
V_{HCl}/mL			
V_{NaOH}终读数/mL			
V_{NaOH}初读数/mL			
V_{NaOH}/mL			
CaO/%			
$\overline{CaO}$/%			
相对平均偏差			

注意事项

1. 蛋壳中钙主要以 $CaCO_3$形式存在，同时也有很少量的 $MgCO_3$，因此以 CaO 质量表示 Ca+Mg 总量。

2. 用移液管滴加 HCl 时应尽量慢，防止溶解反应生成的 CO_2气泡将样品粉末浮起，从而影响样品的完全溶解。

3. 由于酸较稀，溶解时需加热一定时间，试样中有不溶物，如蛋白质之类，但不影响测定。

六、思考题

1. 蛋壳称样量多少是依据什么估算？
2. 蛋壳溶解时应注意什么？

方法Ⅱ　络合滴定法测定蛋壳中 Ca、Mg 总量

一、目的要求

1. 进一步巩固掌握络合滴定分析的方法与原理；
2. 学习使用络合掩蔽排除干扰离子影响的方法；
3. 训练对实物试样中某组分含量测定的一般步骤。

二、实验原理

鸡蛋壳中的 $CaCO_3$和 $MgCO_3$用酸溶解后，在 pH=10 时，用铬黑 T 或 K-B 作指示剂，用 EDTA 可直接测量 Ca^{2+}、Mg^{2+}总量。为提高络合选择性，样品中共存的干扰离子 Fe^{3+}和 Al^{3+}可采用络合掩蔽法消除。可在酸性条件下加入掩蔽剂三乙醇胺使之与 Fe^{3+}、Al^{3+}等离子生成

更稳定的络合物，从而消除干扰。

计算公式如下：

$$CaO(\%)=\frac{C_{EDTA}\times V_{EDTA}\times M_{CaO}}{\frac{W}{10}\times 1000}\times 100\%$$

$$M_{CaO}=56.08$$

三、仪器与试剂

电子天平(0.0001g)，小烧杯，玻璃棒，表面皿(ϕ6cm)，250mL 容量瓶，250mL 锥形瓶，50mL 酸式滴定管，25mL 移液管，电炉；

1∶1HCl，95%乙醇，1∶1 三乙醇胺水溶液，铬黑 T 指示剂；

NH_4Cl-NH_3缓冲液(pH=10)，K-B 指示剂；

0.02mol·L^{-1}EDTA 标准溶液。

四、实验步骤

准确称取一定量的蛋壳粉末 0.3~0.40g 于小烧杯中，用少量水润湿，小心滴加 4~5mL 1∶1 的 HCl。待气泡不冒了，用小玻璃棒轻轻搅拌至无粉色粉末并泡沫分散，盖上表面皿(玻璃棒不能取出)，微火加热至完全溶解(微沸 3min，并有回流，少量蛋白膜不溶)，最后溶液为粉色澄清液。冷却，将样品转移至 250mL 容量瓶，稀释至接近刻度线(若有泡沫，滴加 2~3 滴 95%乙醇消泡)，滴加水定容，摇匀。

准确移取试液 25.00mL 于 250mL 锥形瓶中，分别加蒸馏水 20mL，1∶1 三乙醇胺 2mL，摇匀。再加 NH_4Cl-NH_3缓冲液 10mL，放入少许铬黑 T 指示剂或 K-B 指示剂 2~3 滴，用 0.02mol·L^{-1}EDTA 标准溶液滴定至溶液由酒红色恰变纯蓝色即为终点，记录滴定消耗的 EDTA 体积数。平行测定三份，计算 Ca^{2+}、Mg^{2+}总量，以 CaO 的含量表示。

五、数据记录与处理

记录项目 \ 序号	1	2	3
C_{EDTA}/(mol·L^{-1})			
W_1/g			
W_2/g			
$W_{样品}$/g			
$V_{试样液}$	25.00mL	25.00mL	25.00mL
V_{EDTA}终读数/mL			
V_{EDTA}初读数/mL			
V_{EDTA}/mL			
CaO/%			
$\overline{CaO}$/%			
相对平均偏差			

注意事项：

1. 滴加 1∶1HCl 溶解时要慢，以免一开始就产生大量气泡将样品浮起或粘于烧杯壁上影响溶解。

2. 加热时会使大量泡沫上爬，故要小火并随时轻轻摇动，保证样品的充分溶解。待回流结束无气泡即停止加热。最后的溶液呈现粉色澄清液。

六、思考题

1. 如何确定蛋壳粉末的重量范围？
2. 蛋壳粉溶解稀释时为何要滴加 95% 乙醇？

方法Ⅲ　高锰酸钾法测定蛋壳中 CaO 的含量

参见　实验 4.3　$KMnO_4$法测定石灰石中钙的含量

6.8　食品中亚硝酸盐光度法测定

食品安全一直是整个社会关注的热点话题之一。合理使用添加剂，对丰富食品口味、外观和促进人体健康有一定好处。亚硝酸盐是一种食品添加剂，起着色、防腐作用，广泛用于熟肉类、灌肠类或罐头类等肉类食品及腌菜类食品。按 GB2760 规定，肉类罐头或腌制罐头亚硝酸钠残留量不得超过 50mg/kg；肉制品或火腿肠不得超过 30mg/kg。

由于酱腌菜味美爽口，作为佐餐小菜，深受国人喜爱，比如腌酸白菜、榨菜等，无论自制还是购买，需求量很大。但腌渍的蔬菜，如果过量食用或食用的时间不当，会引起亚硝酸盐急性中毒，给身体埋下健康隐患。因为亚硝酸盐不仅本身有毒性，而且可能和蛋白质食品中的胺类物质合成致癌性较强的亚硝胺化合物。

腌菜中亚硝酸盐的来源有三个：一是来自蔬菜中含量比较高的硝酸盐。蔬菜吸收了氮肥或土壤中的氮素，积累无毒的硝酸盐，然而在腌制过程中，被一些细菌转变成有毒的亚硝酸盐。二是因为腌菜时气温高，放盐不足 10%，腌制的时间不到 8 天，就会造成细菌大量繁殖，使得蔬菜中硝酸盐被微生物还原成有毒的亚硝酸盐。三是腌菜用的盐分中本身含有杂质，如亚硝酸盐、硝酸盐等，也可能产生如亚硝酸胺等有害物质。一般来说，腌菜在 20 天后亚硝酸盐含量逐步下降，一个月后食用是比较安全的。

国家标准 GB 2714—2003《酱腌菜卫生标准》规定，亚硝酸盐残留量(以 $NaNO_2$计)不得超过 20mg/kg。基于亚硝酸盐在腌制类食品中的广泛存在，且严重威胁着人们的身体健康，因此对亚硝酸盐的检测是十分必要的。由于食品中亚硝酸盐的含量通常比较少，所以利用仪器分析法进行检测是最合适的方法。分光光度法由于其仪器结构简单，价格低廉，方法灵敏度好，操作简单，被广泛用于地矿、环境、材料、药物、临床和食品分析。

本实验选取最常见的榨菜作为分析样品，采用超声分散技术提取食品中的亚硝酸盐，利用分光光度法对亚硝酸盐的含量进行测定。

一、实验目的

1. 了解分光光度法的基本原理及应用；

2. 学会使用 Excel 制作工作曲线并得到样品含量；

3. 掌握实际样品的预处理方法。

二、实验原理

根据有色溶液对可见光的吸收，利用分光光度计在某一特定波长下测其吸光度，根据浓度和吸光度成正比的关系，从而得到有色溶液的浓度。

朗伯-比耳定律的数学表达式为：

$$A = kbC$$

式中 A——吸光度；

C——有色物质的浓度；

b——比色皿的厚度；

k——比例常数，与入射光的波长以及溶液的性质、温度等因素有关。

本实验采用盐酸萘乙二胺为显色剂，样品经处理成待测溶液后，在弱酸性条件下溶液中的亚硝酸盐与对氨基苯磺酸重氮化后，再与盐酸萘乙二胺偶合形成紫红色溶液，利用分光光度计于 538nm 处测定其吸光度，采用工作曲线法测得亚硝酸盐的含量。

在酸性条件下亚硝酸盐与对氨基苯磺酸发生硝基化反应，再与盐酸萘乙二胺衍生化生成重氮化合物

三、实验试剂(四人一组，自己配制)

1. 对氨基苯磺酸溶液($4g \cdot L^{-1}$)：称取 1.0g 对氨基苯磺酸($C_6H_7NO_3S$)，溶于 250mL20%(体积)盐酸中，超声溶解。

2. 盐酸萘乙二胺溶液($2g \cdot L^{-1}$)：称取 0.2g 盐酸萘乙二胺($C_{12}H_{14}N_2 . 2HCl$)，溶于 100mL 水中，混匀后避光保存。

3. 亚硝酸钠标准溶液($200\mu g \cdot mL^{-1}$)：准确称取 0.1000g 亚硝酸钠，加水溶解移入 500mL 容量瓶中，定容。(实验室给定标准溶液)

4. 亚硝酸钠标准使用液($4.8\mu g \cdot mL^{-1}$)：临用前，准确移取给定的亚硝酸钠标准溶液 2.4mL 至 100mL 容量瓶，稀释，定容，摇匀。

四、实验步骤(二人一组)

1. 试样提取

将市售各品牌榨菜(先预称，比使用量要多些，汁水尽量不要)，经粉碎机充分搅成匀

浆后，准确称取约 10g 浆液于洁净干燥的 250mL 具塞锥形瓶中，用移液管准确加入 50mL 去离子水(注意将瓶口的样品冲下)，先在沸水浴中加热 10min(中间摇动几次，便于溶出)；取出水浴后开盖放气，再放入超声波仪器中分散 10min，取出，静置至分层；用滤纸小心除去上层脂肪，将上层清液过滤，用洁净干燥的具塞锥形瓶收集滤液待用(弃去前面一小段滤液)。

2. 分析测定

吸取 2mL 样品处理滤液于 50mL 容量瓶中(平行二份)，另外各吸取自配的亚硝酸钠标准使用液($4.8\mu g \cdot mL^{-1}$) 0.20mL、0.40mL、0.60mL、0.80mL、1.00mL、1.40mL、2.00mL 于其余的 50mL 容量瓶中，然后依次加入 2mL 对氨基苯磺酸溶液，摇匀，静止 5min；再依次加入 1mL 盐酸萘乙二胺溶液，摇匀后静止 15min，定容。将溶液放入 1cm 比色皿(每次先用所用溶液润洗，浓度从低到高)，在分光光度计 538nm 处测定吸光度，记录各标准及样品的吸光度。同时选择试剂空白作参比。

五、数据记录及处理

将浓度和测定的吸光度一一对应输入 Excel 表格，绘制标准溶液的工作曲线，得到线性方程，通式为 $Y=kX+b$ 和相关系数 R^2(一般要求 R^2 为 0.999x)。通过此线性方程直接计算榨菜中亚硝酸盐的对应体积，再依据此体积和稀释倍数以及称样量，即可计算出样品中的亚硝酸盐的含量(以亚硝酸钠计，单位 $mg \cdot kg^{-1}$)。

数据表格如下：

样品名称									
$V_{样品}$/mL									
V_{NaNO_2}/mL	0.2	0.4	0.6	0.8	1	1.4	2	样品 1	样品 2
吸光度 A									
工作曲线									
R^2									
$V_{NaNO_2样品}$/mL									
$C_{NaNO_2样品}$/($mg \cdot kg^{-1}$)									
平均值									($mg \cdot kg^{-1}$)

六、注意事项

1. 实验中试剂加入顺序应严格遵循操作步骤；

2. 使用的比色皿必须是洁净的，手指要捏在毛玻璃面，每次测定前，要用相应标准溶液或样品溶液润洗，注意浓度从低到高；

3. 比色皿放入比色槽内时，应注意它们的准确位置；

4. 测定前，要用试剂空白作参比；

5. 全部测量完毕，应立即打开比色槽暗箱的盖子，以免光电管长时间受光线照射产生

"疲劳现象"，取出比色皿，并将比色皿洗净放好。

七、思考题

1. 实验中配制的比色溶液，所加各种试剂的作用是什么？

2. 加入试剂的顺序是否可颠倒？为什么？

3. 本实验所用的参比溶液为什么选用试剂空白，而不用去离子水？

6.9 水泥熟料全分析

一、实验目的

1. 掌握用重量法测定水泥中 SiO_2 含量的方法；

2. 进一步掌握络合滴定的原理，特别是通过控制试液的酸度、温度及选择适当的掩蔽剂和指示剂等条件，在铁，铝，钙，镁共存时分别测定它们的方法；

3. 掌握水浴加热、沉淀、过滤、洗涤、灰化、灼烧等操作技术。

二、实验原理

在水泥工业中，最常用的硅酸盐水泥熟料主要由 SiO_2、CaO、Fe_2O_3 和 Al_2O_3 四种氧化物组成，其含量总和通常都在 95%，另 5%为其他氧化物，如 MgO、SO_3 等。但它们不是以单独的氧化物形式存在，而是两种或两种以上的氧化物经多次高温化学反应生成的多种矿物的集合体。

通过对熟料成分的全分析，可以检验熟料质量和烧成情况的好坏，然后根据分析结果，及时调整原料的配比以控制生产。

我国生产的水泥熟料的主要化学成分组成如下：

SiO_2	Fe_2O_3	Al_2O_3	CaO	MgO
18%~24%	2.0%~5.5%	4%~9.5%	60%~67%	<4.5%

水泥熟料中碱性氧化物占 60%以上，因此易为酸分解。硅酸是一种很弱的无机酸，在水溶液中绝大部分以溶胶状态存在，化学式以 $SiO_2 \cdot nH_2O$ 表示。在用浓酸并加热处理后，硅酸水溶液脱水成水凝胶析出，从而与水泥中的铁、铝、钙、镁等其他组分分开。

本实验中以重量法测定 SiO_2 的含量。

将试样用 HCl 分解后，即可析出无定形硅酸沉淀，但沉淀不完全，而且吸附严重。本法将试样与 7~8 倍的固体 NH_4Cl 混合均匀后，再加 HCl 分解试样。在这种情况下，由于在含有较大量电解质的小体积溶液中析出硅酸，有利于硅酸的凝聚，沉淀较完全。硅酸的含水量少，结构紧密，吸附现象也有所减少。试样分解完全后，加适量水溶解可溶性盐类，过滤，将沉淀灼烧称重，即可测得 SiO_2 的含量。

水泥熟料中的铁、铝、钙、镁组分以离子的形式存在于滤去 SiO_2 沉淀的滤液中，它们都能与 EDTA 形成稳定的络离子，但这些络离子的稳定性有较明显的差别，因此控制适当的酸度就可用 EDTA 进行选择性滴定。调节溶液的 pH 值为 2.0~2.5，以磺基水杨酸作指示剂，用 EDTA 滴定 Fe^{3+}；然后加入一定量过量的 EDTA，煮沸待 Al^{3+} 与 EDTA 完全络合后，再调节溶液的 pH≈4.2，以 PAN 作指示剂，用 $CuSO_4$标准溶液返滴定过量的 EDTA，从而测得 Al^{3+}；滤液中的 Ca^{2+}，Mg^{2+}，按常法在 pH≈10 时用 EDTA 滴定，测得 Ca^{2+}、Mg^{2+}总量；另外在 pH>12 时，用 EDTA 滴定 Ca^{2+}的含量。

三、仪器与试剂

台秤(0.1g)，电子天平(0.0001g)，100mL 烧杯，小玻璃棒，表面皿(ϕ6cm)，水浴锅，瓷坩埚，坩埚钳，干燥器，快速定量滤纸(ϕ11cm)，250mL 锥形瓶，50mL 酸式滴定管，50mL 碱式滴定管，25mL 移液管，250mL 容量瓶。

NH_4Cl 固体(A.R)，浓 HCl(A.R)，浓 HNO_3(A.R)，1∶1HCl，1∶1 氨水。

HAc-NaAc 缓冲溶液(pH≈4.3)：把 32g 无水 NaAc 溶于水中，加入 80mL 冰醋酸(99.9%)，用水稀释至 1L。

20%NaOH；氨性缓冲液(pH≈10)；1∶2 三乙醇胺。

钙指示剂：钙指示剂与 NaCl 以 1∶100 混合磨匀。

10%磺基水杨酸：10g 溶于 100mL 水中。

0.3%PAN 指示剂：0.3g 指示剂溶于 100mL 乙醇中。

K-B 指示剂：称取 0.2g 酸性铬蓝 K，0.4g 萘酚绿 B 于烧杯中，加水溶解后，稀释至 100mL。

0.02mol·L^{-1}EDTA 标准溶液。

0.02mol·L^{-1} $CuSO_4$标准溶液：称取 2.5g $CuSO_4·5H_2O$ 溶于水中，加 4~5 滴 1∶1 H_2SO_4，用水稀释至 500mL 并摇匀。准确移取 25mL 0.02mol·L^{-1}EDTA，加 10mL pH≈4.3 的 HAc-NaAc 缓冲溶液，加热至 80~90℃，加入 PAN 指示剂 4~6 滴，用 $CuSO_4$溶液滴定至红色不变即为终点。平行测定三份，然后算出 EDTA 对 $CuSO_4$的体积比 K 值：

$$K = \frac{V_{EDTA}}{V_{CuSO_4}}$$

四、实验步骤

1. SiO_2的测定

准确称取 0.4~0.6g 试样两份，置于干燥的 100mL 烧杯中，加入 2.5~3.5g 固体NH_4Cl，用玻璃棒混匀，滴加浓 HCl 至试样全部润湿(一般约需 3mL)，并滴加浓 HNO_3 2~3 滴，搅匀。小心压碎块状物，盖上表面皿，置于沸水浴或沙浴上，加热 10min。加热水约 40mL 搅动，以溶解可溶性盐类，过滤。滤液用 250mL 容量瓶盛接，用热水洗涤烧杯和滤纸，直至滤液中无 Cl^-为止(用 $AgNO_3$检验)。

将滤液稀释至刻度，摇匀，用于以下测定 Fe^{3+}、Al^{3+}、Ca^{2+}和 Mg^{2+}离子。

取下带有沉淀的滤纸，小心包好，放入预先已恒重的瓷坩埚中，低温炭化后，于 950℃灼烧 45min。取下置于干燥器中冷却至室温，称重。灼烧，再置于干燥器中冷却至室温，再称重，直至恒重，计算试样 SiO_2的含量。

2. Fe^{3+}离子的测定

准确移取稀释后的滤液 50mL 于 250mL 锥形瓶内，加 10 滴磺基水杨酸，用 1∶1 氨水和

1∶1HCl调节溶液为紫红色（pH=2左右），加热至60~70℃，以EDTA标准溶液滴定至溶液由紫红变成淡黄色为终点。记下EDTA溶液的用量V_1，平行测定两份，计算试样中的Fe_2O_3含量。

3. Al^{3+}离子的测定

在滴定Fe^{3+}后的溶液中，准确加入20mL左右（V_2）EDTA标准溶液，再加入10mL HAc-NaAc缓冲溶液调溶液pH≈4.2，煮沸2min，取下稍冷。加6~8滴PAN指示剂，用$CuSO_4$标准溶液滴定至溶液显紫红色为终点。记下$CuSO_4$溶液的用量V_3，平行测定两份，计算试样中Al_2O_3的含量。

4. Ca^{2+}离子的测定

准确移取稀释后的滤液25mL，置于250mL锥形瓶中，加水50mL，1∶2三乙醇胺溶液6mL摇匀，12mL 20%NaOH，钙指示剂少许，用EDTA标准溶液滴定至溶液呈蓝色为终点。记下EDTA溶液的用量V_4，平行测定两份，计算试样中CaO的含量。

5. Mg^{2+}离子的测定

准确移取稀释后的滤液25mL于250mL锥形瓶内，加三乙醇胺5mL，摇匀，加pH=10氨性缓冲溶液10mL，K-B指示剂2~3滴，以EDTA标准溶液滴定至溶液呈蓝色为终点，记下EDTA溶液用量V_5，平行测定两份，用差减法计算MgO含量。

计算公式如下：

$$SiO_2\% = \frac{m_{SiO_2}}{m_s} \times 100$$

$$Fe_2O_3\% = \frac{C_{EDTA} \times V_1 \times \frac{1}{2} \times M_{Fe_2O_3}}{m_s \times \frac{50}{250} \times 1000} \times 100$$

$$M_{Fe_2O_3} = 159.7$$

$$Al_2O_3\% = \frac{C_{EDTA} \times (V_2 - V_3 \times k) \times \frac{1}{2} \times M_{Al_2O_3}}{m_s \times \frac{50}{250} \times 1000} \times 100$$

$$M_{Al_2O_3} = 101.96$$

$$CaO\% = \frac{C_{EDTA} \times V_4 \times M_{CaO}}{m_s \times \frac{25}{250} \times 1000} \times 100$$

$$M_{CaO} = 56.08$$

$$MgO\% = \frac{C_{EDTA} \times (V_5 - \overline{V_4}) \times M_{MgO}}{m_s \times \frac{25}{250} \times 1000} \times 100$$

$$M_{MgO} = 40.31$$

五、数据记录与处理

1. K 值的测定

序号 记录项目	1	2	3
$C_{EDTA}/(mol \cdot L^{-1})$			
V_{EDTA}终读数/mL			
V_{EDTA}初读数/mL			
V_{EDTA}/mL			
V_{CuSO_4}终读数/mL			
V_{CuSO_4}初读数/mL			
V_{CuSO_4}/mL			
$K_{(EDTA/CuSO_4)}$			
$\overline{K}$			
相对平均偏差			

2. SiO_2含量的测定

序号 记录项目	1	2
样品终读数/g		
样品初读数/g		
水泥质量 m_s/g		
沉淀+坩埚重/g		
坩埚重/g		
m_{SiO_2}/g		
SiO_2/%		
$\overline{SiO_2}$/%		
相对平均偏差		

3. Fe_2O_3和 Al_2O_3的含量的测定

序号 记录项目	1	2
$C_{EDTA}/(mol \cdot L^{-1})$		
$V_{1(EDTA)}$终读数/mL		
$V_{1(EDTA)}$初读数/mL		
$V_{1(EDTA)}$/mL		
Fe_2O_3/%		
$\overline{Fe_2O_3}$/%		
相对平均偏差		

续表

记录项目 \ 序号	1	2
$V_{2(EDTA)}$ 终读数/mL		
$V_{2(EDTA)}$ 初读数/mL		
$V_{2(EDTA)}$/mL		
$V_{3(CuSO_4)}$ 终读数/mL		
$V_{3(CuSO_4)}$ 初读数/mL		
$V_{3(CuSO_4)}$/mL		
Al_2O_3/%		
$\overline{Al_2O_3}$/%		
相对平均偏差		

4. CaO 和 MgO 含量的测定

记录项目 \ 序号	1	2
C_{EDTA}/($mol \cdot L^{-1}$)		
$V_{4(EDTA)}$ 终读数/mL		
$V_{4(EDTA)}$ 初读数/mL		
$V_{4(EDTA)}$/mL		
CaO/%		
$\overline{CaO}$/%		
相对平均偏差		
$V_{5(EDTA)}$ 终读数/mL		
$V_{5(EDTA)}$ 初读数/mL		
$V_{5(EDTA)}$/mL		
MgO/%		
$\overline{MgO}$/%		
相对平均偏差		

注意事项

1. 为防止坩埚爆裂，每次高温灼烧后先将坩埚钳预热再取坩埚。

2. 水泥样加了 NH_4Cl 后，先用玻棒搅匀后再加 HNO_3，并将块状物压碎，以防酸解时析出硅酸胶体沉淀，造成 SiO_2 结果偏低。

3. 测定用的滤液，润洗移液管时要少量多次，防止后面多份测定时样品不够用。

4. 滴定 Fe^{3+} 时，近终点时应放慢速度。每加入一滴，应摇动片刻，必要时再加热(滴定液应在约 60℃)，小心滴定至亮黄色。否则易使终点过量，使 Fe 的结果偏高，而 Al 的结果偏低。

5. PAN 指示剂使用时要注意观察溶液颜色的变化过程，并注意加热防止指示剂僵化现象。

6. 测定 Ca、Mg 总量，使用 K-B 指示剂终点蓝色不明显，要注意观察紫色消失即为终点。

六、思考题

1. 本实验测定 SiO_2 含量的方法原理是什么？
2. 在测定 Fe^{3+}、Al^{3+}、Ca^{2+}、Mg^{2+} 等离子时，应分别控制怎样的酸度范围？如何控制？
3. 若滴定 Fe^{3+} 离子的测定结果不准确，对 Al^{3+} 离子的测定结果有何影响？
4. 在 Ca^{2+} 离子的测定中，为什么要先加三乙醇胺后加 NaOH 溶液？
5. 在 Al^{3+} 离子的测定中，为什么要注意 EDTA 标准溶液的加入量，以加入多少为宜？

第7章　设计性实验

实验设计是一项带创造性的工作，需以有关的基础理论知识为指导，并再通过实验来验证理论。通过设计性实验，培养学生灵活运用所学理论及实验知识、独立分析和解决实际问题的能力，为今后开展科学研究和从事实际工作打下良好的基础。

要求学生按给定的题目先自行查阅有关资料，并设计好实验程序，经实验指导老师审阅后再进行实验，最后写出实验报告。

一、实验目的

1. 培养学生查阅有关书刊和阅读参考资料的能力；
2. 培养学生运用所学知识及有关参考资料对实际试样设计出实验方案的能力；
3. 培养学生综合总结能力，写出完整的实验报告。

二、实验要求

对所给定的实验题目，设计测定方法时，主要应考虑下面几个问题：

1. 实验原理(包括实验方法、反应方程式及分析结果的计算)；
2. 实验所需试剂(包括用量、浓度及配制方法)；
3. 实验步骤(包括标定、测定及其他相关实验步骤)；
4. 数据记录及结果处理(拟出数据表)；
5. 讨论(包括注意事项、结果分析、实验体会等)。

三、参考选题

1. Na_3PO_4+NaOH 混合物中各组分含量的测定
2. H_2SO_4+H_3PO_4 混合酸中各组分浓度的测定
3. 工业产品中 Na_2CaY 中 Ca 和 EDTA 含量的测定
4. 混合物中 Zn^{2+}和 Mg^{2+}含量的测定
5. 混合物中 Cu^{2+}、Zn^{2+}和 Mg^{2+}含量的测定
6. 混合液中 Cr^{3+}和 Fe^{3+}的测定
7. 合金钢中 Cr 含量的测定
8. NaCl+Na_2SO_4 中 Cl^-含量的测定
9. 葡萄糖酸锌口服液中锌和钙的测定
10. 铜合金中铜和锌的含量测定

附录1 部分元素的相对原子质量表

元素	符号	相对原子质量	元素	符号	相对原子质量	元素	符号	相对原子质量
氢	H	1.00794	锗	Ge	72.64	铕	Eu	151.964
氦	He	4.00260	砷	As	74.9216	钆	Gd	157.25
锂	Li	6.941	硒	Se	78.96	铽	Tb	158.9254
铍	Be	9.01218	溴	Br	79.904	镝	Dy	162.500
硼	B	10.811	氪	Kr	83.798	钬	Ho	164.9303
碳	C	12.011	铷	Rb	85.4678	铒	Er	167.259
氮	N	14.0067	锶	Sr	87.62	铥	Tm	168.9342
氧	O	15.9994	钇	Y	88.9059	镱	Yb	173.054
氟	F	18.998403	锆	Zr	91.224	镥	Lu	174.967
氖	Ne	20.179	铌	Nb	92.9064	铪	Hf	178.49
钠	Na	22.98977	钼	Mo	95.96	钽	Ta	180.9479
镁	Mg	24.305	锝	Tc	[97.907]	钨	W	183.84
铝	Al	26.98154	钌	Ru	101.07	铼	Re	186.207
硅	Si	28.0855	铑	Rh	102.9055	锇	Os	190.23
磷	P	30.97376	钯	Pd	106.42	铱	Ir	192.217
硫	S	32.065	银	Ag	107.8682	铂	Pt	195.084
氯	Cl	35.453	镉	Cd	112.411	金	Au	196.9666
氩	Ar	39.948	铟	In	114.818	汞	Hg	200.59
钾	K	39.0983	锡	Sn	118.710	铊	Tl	204.3833
钙	Ca	40.078	锑	Sb	121.760	铅	Pb	207.2
钪	Sc	44.9559	碲	Te	127.60	铋	Bi	208.9804
钛	Ti	47.867	碘	I	126.9045	钋	Po	[208.98]
钒	V	50.9415	氙	Xe	131.293	砹	At	[209.99]
铬	Cr	51.996	铯	Cs	132.9054	氡	Rn	[222.02]
锰	Mn	54.9380	钡	Ba	137.327	钫	Fr	[223.02]
铁	Fe	55.845	镧	La	138.9055	镭	Ra	226.0254
钴	Co	58.9332	铈	Ce	140.116	钍	Th	232.0381
镍	Ni	58.6934	镨	Pr	140.9077	镤	Pa	231.03588
铜	Cu	63.546	钕	Nd	144.242	铀	U	238.02891
锌	Zn	65.38	钷	Pm	[144.91]	镎	Np	237.0482
镓	Ga	69.723	钐	Sm	150.36			

附录 2　常见化合物的相对分子质量

（根据 2003 年公布的相对原子质量计算）

分子式	相对分子质量	分子式	相对分子质量
AgBr	187.772	KOH	56.106
AgCl	143.321	K_2PtCl	486.00
AgI	234.772	KSCN	97.182
$AgNO_3$	169.873	$MgCO_3$	84.314
Al_2O_3	101.9612	$MgCl_2$	95.211
As_2O_3	197.8414	$MgSO_4 \cdot 7H_2O$	246.476
$BaCl_2 \cdot 2H_2O$	244.263	$MgNH_4PO_4 \cdot 6H_2O$	245.407
BaO	153.326	MgO	40.304
$Ba(OH)_2 \cdot 8H_2O$	315.467	$Mg(OH)_2$	58.320
$BaSO_4$	233.391	$Mg_2P_2O_7$	222.553
$CaCO_3$	100.087	$Na_2B_4O_7 \cdot 10H_2O$	381.372
CaO	56.0774	NaBr	102.894
$Ca(OH)_2$	74.093	NaCl	58.4890
CO_2	44.0100	Na_2CO_3	105.9890
CuO	79.545	$NaHCO_3$	84.0071
Cu_2O	143.091	$Na_2HPO_4 \cdot 12H_2O$	358.143
$CuSO_4 \cdot 5H_2O$	249.686	$NaNO_2$	69.00
FeO	71.85	Na_2O	61.9790
Fe_2O_3	159.69	NaOH	39.9971
$FeSO_4 \cdot 7H_2O$	278.0176	$Na_2S_2O_3$	158.110
$FeSO_4 \cdot (NH_4)_2SO_4 \cdot 6H_2O$	392.1429	$Na_2S_2O_3 \cdot 5H_2O$	248.186
H_3BO_3	61.8330	NH_3	17.03
HCl	36.4606	NH_4Cl	53.49
$HClO_4$	100.4582	NH_4OH	35.05
HNO_3	63.0129	$(NH_4)_3PO_4 \cdot 12MoO_3$	1876.35
H_2O	18.01531	$(NH_4)_2SO_4$	132.141
H_2O_2	34.0147	$PbCrO_4$	323.19
H_3PO_4	97.9953	PbO_2	239.20
H_2SO_4	98.0795	$PbSO_4$	303.26
		P_2O_5	141.945
$KAl(SO_4)_212H_2O$	474.3904	SiO_2	60.085
KBr	119.002	SO_2	64.065

续表

分子式	相对分子质量	分子式	相对分子质量
$KBrO_3$	167.0005	SO_3	80.064
KCl	74.551	ZnO	81.41
$KClO_4$	138.549	$HC_2H_3O_2$(醋酸)	60.05
K_2CO_3	138.206	$H_2C_2O_4 \cdot 2H_2O$	126.07
K_2CrO_4	194.194	$KHC_4H_4O_6$(酒石酸氢钾)	188.178
K_2CrO_7	294.188	$KHC_8H_4O_4$(邻苯二甲酸氢钾)	204.224
KH_2PO_4	136.086	$K(SbO)C_4H_4O_6 \cdot 1/2H_2O$(酒石酸锑钾)	333.928
$KHSO_4$	136.170	Na_2CO_4(草酸钠)	134.00
KI	166.003	$NaC_7H_5O_2$(苯甲酸钠)	144.11
KIO_3	214.001	$Na_3C_6H_5O_7 \cdot 2H_2O$(枸橼酸钠)	294.12
$KIO_3 \cdot HIO_3$	389.91	$Na_2H_2C_{10}H_{12}O_8N_2 \cdot 2H_2O$(EDTA)	372.240
$KMnO_4$	158.034	二钠二水合物	
KNO_2	85.10		

附录3 化学试剂等级对照

质量次序		1	2	3	4	5
中国化学试剂等级标志	级别	一级品	二级品	三级品	四级品	生活试剂
	中文标志	保证试剂 优级纯	分析试剂 分析纯	化学纯 纯	化学用 实验试剂	
	符号	GR	AR	CP，P	LR	BR，CR
	标签颜色	绿色	红色	蓝色	棕色等	黄色等
德、美、英等国通用等级和符号		GR	AR	CP		

附录 4　常用弱酸在水中的离解常数

（25℃，$I=0$）

化合物	分子式	K_a	pK_a
硼酸	H_2BO_3	5.4×10^{-10}	9.27
碳酸	H_2CO_3	$4.5\times10^{-7}(K_{a_1})$ $4.7\times10^{-11}(K_{a_2})$	6.35 10.33
铬酸	H_2CrO_4	$0.18(K_{a_1})$ $3.2\times10^{-7}(K_{a_2})$	0.74 6.49
氢氟酸	HF	6.3×10^{-4}	3.2
氢氰酸	HCN	6.2×10^{-10}	9.21
氢硫酸	H_2S	$8.9\times10^{-8}(K_{a_1})$ $1.0\times10^{-19}(K_{a_2})$	7.05 19
过氧化氢	H_2O_2	2.4×10^{-12}	11.62
碘酸	HIO_3	0.17	0.78
亚硝酸	HNO_2	5.6×10^{-4}	3.25
高碘酸	HIO_4	2.3×10^{-2}	1.64
磷酸	H_3PO_4	$6.9\times10^{-3}(K_{a_1})$ $6.2\times10^{-8}(K_{a_2})$ $4.8\times10^{-13}(K_{a_3})$	2.16 7.12 12.32
亚磷酸	H_3PO_3	$5.0\times10^{-2}(K_{a_1})$ $2.0\times10^{-7}(K_{a_2})$	1.30 6.70
亚硫酸	H_2SO_3	$1.4\times10^{-2}(K_{a_1})$ $6.3\times10^{-8}(K_{a_2})$	1.85 7.20
甲酸	HCOOH	1.8×10^{-4}	3.75
乙酸	CH_3COOH	1.7×10^{-5}	4.76
草酸	$H_2C_2O_4$	$5.9\times10^{-2}(K_{a_1})$ $6.5\times10^{-5}(K_{a_2})$	1.23 4.19
柠檬酸	$C_3H_4OH(COOH)_3$	$7.2\times10^{-4}(K_{a_1})$ $1.7\times10^{-5}(K_{a_2})$ $4.1\times10^{-7}(K_{a_3})$	3.14 4.77 6.39
抗坏血酸	$C_6H_8O_6$	$7.9\times10^{-5}(K_{a_1})$ $1.6\times10^{-12}(K_{a_2})$	4.10 11.79
乳酸	$CH_3CHOHCOOH$	1.4×10^{-4}	3.86
苯甲酸	C_6H_5COOH	6.2×10^{-5}	4.21
邻苯二甲酸	$C_6H_4(COOH)_2$	$1.1\times10^{-3}(K_{a_1})$ $3.9\times10^{-5}(K_{a_2})$	2.95 5.41
苯酚	C_6H_5OH	1.1×10^{-10}	9.95
氨离子	NH_4^+	5.6×10^{-10}	9.25
羟胺离子	NH_3^+OH	1.1×10^{-6}	5.96
六亚甲基四胺离子	$(CH_2)_6N_4H^+$	7.1×10^{-6}	5.15

附录5 常用基准物质

基准物质	干燥后的组成	干燥温度，时间
$NaHCO_3$(碳酸氢钠)	Na_2CO_3	260~270℃，至恒重
$Na_2B_4O_7 \cdot 10H_2O$(硼砂)	$Na_2B_4O_7 \cdot 10H_2O$	NaCl-蔗糖饱和溶液干燥器中室温保存
$KHC_6H_4(COO)_2$(邻苯二甲酸氢钾)	$KHC_6H_4(COO)_2$	105~110℃
$KHCO_3$(碳酸氢钾)	$KHCO_3$	270~300℃
$H_2C_2O_4 \cdot 2H_2O$(草酸)	$H_2C_2O_4 \cdot 2H_2O$	室温空气干燥
$Na_2C_2O_4$(草酸钠)	$Na_2C_2O_4$	105~110℃，2h
$K_2Cr_2O_7$(重铬酸钾)	$K_2Cr_2O_7$	130~140℃，0.5~1h
$KBrO_3$(溴酸钾)	$KBrO_3$	120℃，1~2h
KIO_3(碘酸钾)	KIO_3	105~120℃
Cu(铜)	Cu	室温干燥器中保存
Zn(锌)	Zn	室温干燥器中保存
As_2O_3(三氧化二砷)	As_2O_3	硫酸干燥器中保存
$(NH_4)_2Fe(SO_4)_2 \cdot 6H_2O$(硫酸亚铁铵)	$(NH_4)_2Fe(SO_4)_2 \cdot 6H_2O$	室温空气
NaCl(氯化钠)	NaCl	250~350℃，1~2h
KCl(氯化钾)	KCl	250~350℃，1~2h
$AgNO_3$(硝酸银)	$AgNO_3$	120℃，2h
$CuSO_4 \cdot 5H_2O$(五水合硫酸铜)	$CuSO_4 \cdot 5H_2O$	室温空气
ZnO(氧化锌)	ZnO	约800，灼烧至恒重
无水 Na_2CO_3(无水碳酸钠)	Na_2CO_3	260~270℃，0.5h
$CaCO_3$(碳酸钙)	$CaCO_3$	105~110℃

附录6 常用酸碱指示剂

指示剂名称	变色 pH 值范围	颜色变化	配制方法
0.1%百里酚蓝	1.2~2.8	红~黄	0.1g 百里酚蓝溶于 20mL 乙醇中，加水至 100mL
0.1%甲基橙	3.1~4.4	红~黄	0.1g 甲基橙溶于 100mL 热水中
0.1%溴酚蓝	3.0~1.6	黄~紫蓝	0.1g 溴酚蓝溶于 20mL 乙醇中，加水至 100mL
0.1%溴甲酚绿	4.0~5.4	黄~蓝	0.1g 溴甲酚绿溶于 20mL 乙醇中，加水至 100mL
0.1%甲基红	4.4~6.2	红~黄	0.1g 甲基红溶于 60mL 乙醇中，加水至 100mL
0.1%溴百里酚蓝	6.0~7.6	黄~蓝	0.1g 溴百里酚蓝溶于 20mL 乙醇中，加水至 100mL
0.1%中性红	6.8~8.0	红~黄橙	0.1g 中性红溶于 60mL 乙醇中，加水至 100mL
0.2%酚酞	8.0~9.6	无~红	0.2g 酚酞溶于 90mL 乙醇中，加水至 100mL
0.1%百里酚蓝	8.0~9.6	黄~蓝	0.1g 百里酚蓝溶于 20mL 乙醇中，加水至 100mL
0.2%百里酚酞	9.4~10.6	无~蓝	0.1g 酚酞溶于 90mL 乙醇中，加水至 100mL
0.1%茜素黄	10.1~12.1	黄~紫	0.1g 茜素黄溶于 100mL 水中

附录 7 常用酸碱混合指示剂

指示剂溶液的组成	变色时 pH 值	颜色		备　　注
		酸色	碱色	
一份 0.1%甲基黄乙醇溶液 一份 0.1%亚甲基蓝乙醇溶液	3.25	蓝紫	绿	pH=3.2 蓝紫色 pH=3.4 绿色
一份 0.1%甲基橙水溶液 一份 0.25%靛蓝二磺酸水溶液	4.1	紫	黄绿	
一份 0.1%溴甲酚绿钠盐水溶液 一份 0.2%甲基橙水溶液	4.3	橙	蓝绿	pH=3.5 黄色 pH=4.05 绿色 pH=4.3 浅绿色
三份 0.1%溴甲酚绿乙醇溶液 一份 0.2%甲基红乙醇溶液	5.1	酒红	绿	
一份 0.1%溴甲酚绿钠盐水溶液 一份 0.1%绿酚钠盐水溶液	6.1	黄绿	蓝紫	pH=5.4 蓝绿色 pH=5.8 蓝色 pH=6.0 蓝带紫 pH=6.2 蓝紫色
一份 0.1%中性红乙醇溶液 一份 0.1%亚甲基蓝乙醇溶液	7.0	蓝紫	绿	pH=7.0 紫蓝
一份 0.1%甲酚红钠盐水溶液 三份 0.1%百里酚蓝钠盐水溶液	8.3	黄	紫	pH=8.2 玫瑰红 pH=8.4 清晰的紫色
一份 0.1%百里酚蓝 50%乙醇溶液 三份 0.1%酚酞 50%乙醇溶液	9.0	黄	紫	从黄到绿，再到紫
一份 0.1%酚酞乙醇溶液 一份 0.1%百里酚蓝乙醇溶液	9.9	无	紫	pH=9.6 玫瑰红 pH=10 紫红
二份 0.1%百里酚蓝乙醇溶液 一份 0.1%茜素黄乙醇溶液	10.2	黄	紫	

附录8 常用金属指示剂

指示剂	适用的pH值范围	颜色		配制方法
		游离	化合物	
铬黑T	8~10	蓝	酒红	1∶100NaCl(固体)
钙指示剂	12~13	蓝	红	1∶100NaCl(固体)
二甲酚橙	<6	黄	红	0.5%的水溶液
K-B指示剂	8~13	蓝	红	酸性铬蓝K：萘酚绿B=2~2.5
磺基水杨酸	1.5~2.5	无	红	10%的水溶液
PAN指示剂	2~12	黄	紫红	5%的乙醇溶液

附录9　常用氧化还原法指示剂

名称	变色电势 Φ/V	颜色		配制方法
		氧化态	还原态	
二苯胺	0.76	紫	无色	1g 二苯胺在搅拌下溶于 100mL 浓硫酸和 100mL 浓磷酸，贮于棕色瓶中
二苯胺磺酸钠	0.85	紫	无色	0.5%的水溶液
邻二氮菲亚铁	1.06	淡蓝	红	0.5g $FeSO_4 \cdot 7H_2O$ + 0.5g 邻二氮菲溶于 100mL 水中，加 2 滴硫酸
邻苯氨基苯甲酸	1.08	红	无色	0.2g 邻苯氨基苯甲酸加热溶解在 100mL 0.2%Na_2CO_3溶液中，必要时过滤
淀粉				0.2%的水溶液(沸水配制)

附录 10　常用缓冲溶液的配制

pH 值	配制方法
0	1mol · L^{-1}HCl 溶液
1	0. 1mol · L^{-1}HCl 溶液
2	0. 01mol · L^{-1}HCl 溶液
3. 6	NaAc · $3H_2O$ 8g 溶于适量水中，加 6mol · L^{-1}HAc 溶液 134mL，稀释至 500mL
4. 0	将 60mL 冰醋酸和 16g 无水醋酸钠溶于 100mL 水中，稀释至 500mL
4. 5	将 30mL 冰醋酸和 30g 无水醋酸钠溶于 100mL 水中，稀释至 500mL
5. 0	将 30mL 冰醋酸和 60g 无水醋酸钠溶于 100L 水中，稀释至 500mL
5. 4	将 40g 六亚甲基四胺溶于 90mL 水中，加入 20mL6mol · L^{-1}HCl 溶液
5. 7	100g NaAc · $3H_2O$ 溶于适量水中，加 6mol · L^{-1}HAc 溶液 13mL，稀释至 500mL
7. 0	77g NH_4Ac 溶于适量水中，稀释至 500mL
7. 5	NH_4Cl 60g 溶于适量水中，加浓氨水 1. 4mL，稀释至 500mL
8. 0	NH_4Cl 50g 溶于适量水中，加浓氨水 3. 5mL，稀释至 500mL
8. 5	NH_4Cl 40g 溶于适量水中，加浓氨水 8. 8mL，稀释至 500mL
9. 0	NH_4Cl 35g 溶于适量水中，加浓氨水 24mL，稀释至 500mL
9. 5	NH_4Cl 30g 溶于适量水中，加浓氨水 65mL，稀释至 500mL
10	NH_4Cl 27g 溶于适量水中，加浓氨水 175mL，稀释至 500mL
11	NH_4Cl 3g 溶于适量水中，加浓氨水 207mL，稀释至 500mL
12	0. 01mol · L^{-1}NaOH 溶液
13	1mol · L^{-1}NaOH 溶液

参 考 文 献

1 武汉大学主编. 分析化学(第五版). 北京：高等教育出版社，2007
2 四川大学化工学院，浙江大学化学系编. 分析化学实验(第二版). 北京：高等教育出版社，2003
3 欧阳耀国，郭祥群，蔡维平编. 分析化学基础实验. 厦门：厦门大学出版社，1998
4 王冬梅编. 分析化学实验. 武汉：华中科技大学出版社，2007
5 大连理工大学主编. 分析化学实验. 大连：大连理工大学出版社，1989
6 张小玲，张慧敏，邵清龙主编. 化学分析实验. 北京：北京理工大学出版社，2007
7 杨春文，卫康英. 分析化学实验. 兰州：兰州大学出版社，2007
8 刘玉兰，李珊，刘坤. 食品中蛋白质含量测定方法的改进和应用. 青岛大学医学院学报，1999，35(2)：123~124
9 彭秧锡，彭建兵. 钙镁含量的连续测定方法. 水泥，2002(6)：51~52

参考文献

1. [illegible] 2009
2. [illegible]
3. [illegible]
4. [illegible]
5. [illegible] 1988
6. [illegible]
7. [illegible]
8. [illegible] 123-124
9. [illegible]